# 10万年の噴火史からひもとく富士山

曽布川 善一

JN096224

山と溪谷社

崩壊谷、大沢崩れの末端から見上げる富士山（P56）

左／溶岩に覆われた台地に
広がる青木ヶ原樹海（P38）
右／大室山で重厚な表情を
見せるミズナラ。この木は
ナラ枯れの影響で2023年秋
に伐採された（P42）

照らし出された溶岩洞穴の内部。青木ヶ原樹海で（P64）

一年を通して冷涼な溶
岩洞穴内には氷筍がで
きる（P74）

白糸の滝上流にある神
棚の滝。雨後や季節に
よって表情を変える
(P55)

溶岩流が大木を巻き込
んで流れた跡に残され
た溶岩樹型（P96）

▲泉ヶ滝に露出する、小御岳火山による溶岩（吉田口登山道）

# はじめに

　タイトルどおり、10万年の噴火史をたどりながら、変わり続ける富士山の今の姿を写真と解説でわかりやすく紹介することが本書のテーマです。

　この本の基本的かつ重要なパートは「序章」にあります。なぜ富士山がそこにあるのか、どのようにして現在の山容がつくられてきたのか。ドラマチックな富士山誕生のドキュメントを解説しています。

　富士山は火山活動時期によって噴火の活発度や形態が変化するため、専門的な資料などでは山体の呼称や活動期を細かく区分して表わしますが、本書ではわかりやすく読み進められるように工夫しました。そして富士山が残した火山の痕跡や現象、また火山性が育んだ信仰文化などを小テーマに分け、私がこれまで撮影してきた写真と文で紹介しています。

　本文の解説は、専門家からの助言や指摘をいただき最新の研究成果に基づいて書いています。信仰文化については、私が取材した範囲内を丁寧に紹介しました。また、私が参照した主な資料や文献、ウェブサイトと富士山に関する略年表を巻末に記しましたので、より詳しく知りたい方はぜひ参考にしてください。

　本書で紹介した写真は、新たに取材撮影したものを含めすべて私が撮影しました。写真の出来不出来はさておき、掲載した写真が、読者の皆さんの富士火山への想像力と興味を大いに刺激することになればうれしい限りです。

2024年4月　曽布川善一

# 目　次

## 序章　火山 富士山の成り立ち ············ 018

### 序章 01 | 富士山が「そこ」にある理由 ············· 020

### 序章 02 | 美しい円錐形の姿はこうしてつくられた ···· 024

## 噴火がつくった富士山の世界 ········ 028

### 01 | 山頂火口 ············· 032

### 02 | 樹海を生んだ大噴火 ············· 038

# 火山 富士山の成り立ち

富士山はどのように誕生し、
日本一の高さと現在の美しい姿を得たのだろうか。
さまざまな自然景観を生み出し、
日本人の信仰の源ともなった
その生い立ちを追ってみよう。

▶富士山南側上空より。
火口の先に見える山地は
約1500万年前に隆起し
た御坂山地

# 富士山が「そこ」にある理由

日本列島でほかに類例のない特徴をもつ火山、富士山。
富士山が誕生した場所に、その理由がある。

## 特異な性質をもつ火山、富士山

　日本のほぼ中央に、大きく裾野を広げた美しい姿で鎮座する富士山。日本には400を超える火山があり、富士山は、陸上火山の中で突出して巨大な山体と高さをもちます。火山の一生は、数十万〜100万年とされているなかで、富士山が誕生したのは約10万年前。比較的若い火山です。富士山はその生い立ちの間に、膨大な量のマグマを噴出し急速に成長した結果、日本列島において最大の陸上火山となりました。

▼赤石山脈（南アルプス）の北部に位置する日本第2峰の北岳（3193m）より。写真下部の櫛を伏せたようなシルエットは富士山を取り囲む山地の一つ、巨摩山地最高峰の櫛形山（2052m）。台風が通り過ぎると雷を従えた富士山が姿を現わした

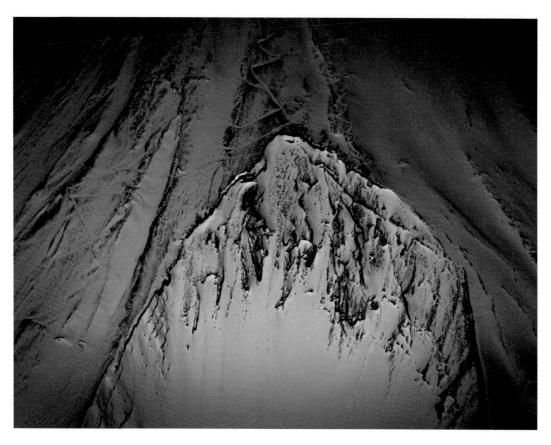

▲富士山上空より見た宝永火口（第一火口）上部の縁。約300年前に大規模な宝永噴火を起こした火口が、富士山南東斜面の様子を一変させた

富士山は、その大きな山体を形づくっているマグマの性質にも特徴があります。

日本列島の陸上火山の多くは主として安山岩（あんざんがん）マグマを噴出しています。一方富士山は、誕生から10万年の生い立ちを通してごく一部の噴火（宝永噴火・P116等）を除き、玄武岩（げんぶがん）マグマのみを噴出し続けてきました。玄武岩マグマを主とする火山は、伊豆・小笠原火山弧の火山群に限られ、陸上火山では富士山以外にありません。

では、なぜ富士山は、日本列島でここにしかない特徴をもつ火山として、現在のような姿となったのでしょうか。それには、富士山の誕生した場所が大きく関わっています。

## 地球内部の動きで生まれるマグマ

地球の表面は、厚さ数十〜100kmほどの岩板＝プレートに覆われています。プレートは、地球の表面を構成する薄い層＝地殻とその下にあるマントルと呼ばれる分厚い岩石層の一部（もしくは最上部）でできており、海の中にある山脈（海嶺）で誕生します。プレートは、地球内部の対流によって年に数cm〜

およそ10cmずつ移動し続けており、プレート同士が衝突する場所では、一方が一方の下へと沈み込んでいます。

　プレートが沈み込む場所では、沈み込むプレートから供給された水によってマントルの融点が下がり、マントルが溶けてマグマが発生します。マグマは地表に向かって上昇し、マグマ溜まりを形成、このマグマが地表に噴出すると陸上火山や海底火山となります。

　マントルが溶けてできる最初のマグマは、大部分が玄武岩マグマです。沈み込んだプレートの上の地殻が厚ければ、地表に噴出するまでに時間がかかり、その間に化学組成を変え安山岩マグマが多くなると考えられています。

　これに対して、地殻が薄ければ玄武岩マグマのまま噴出します。玄武岩マグマは粘り気が少なく流動性に富み、固まるまでの間に大量のマグマを短時間で噴出し、結果として、巨大な火山を形成することになります。

　では、富士山がある場所を見てみましょう。

　日本列島は、図1で示したように2つの大陸側のプレート（ユーラシアプレート、北米プレート）と2つの海洋側のプレート（太平洋プレート、フィリピン海プレート）が出合う場所に位置しています。

**図1：日本周辺プレート図**

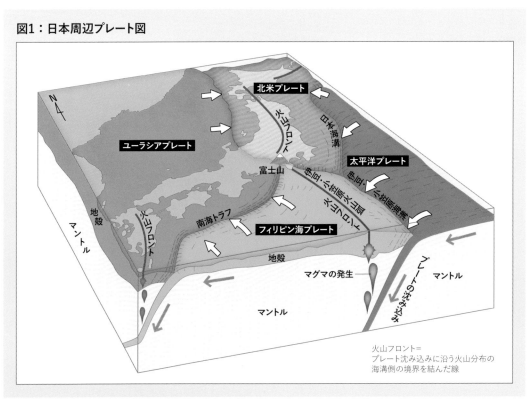

火山フロント＝
プレート沈み込みに沿う火山分布の
海溝側の境界を結んだ線

一般社団法人全国地質業協会連合会提供の図を元に作成（一部改変）

## 伊豆をのせたプレートの衝突がつくった富士山の基盤

　前述の4つのプレートのうち、フィリピン海プレートは北西方向に移動、約1500万年前から日本列島に衝突をし続けています。この衝突による堆積物が日本列島の一部として付加され、さらに強い力で列島を押し続けた結果、しわを寄せるように大地が隆起し始めます。こうしてできたのが、富士山を取り囲む巨摩山地、御坂山地、丹沢山地とその周辺の山地であり、富士山の土台を形成する基盤となったのです。

　そして、約100万年前から伊豆・小笠原火山弧を構成する海底火山であった伊豆半島の日本列島への衝突が始まります。約60万年前までには日本列島と地続きになり、現在の伊豆半島となりました。

▲約100万年前から日本列島への衝突を続ける伊豆半島の松崎町から富士山を望む。海から突き出した岩と烏帽子山（写真奥）はかつての海底火山のマグマが冷えて固まり、海上に現われ波によって侵食されてできた

## 3つのプレートの接点で誕生した富士山

　富士山周辺ではフィリピン海プレートの日本列島への衝突で、フィリピン海プレートがユーラシアプレート、北米プレートの下に沈みこみ、重なり合って複雑な構造を形成しています。3つのプレートが重なっている特異な環境は、日本では富士山周辺だけです。

　これらのプレートのさらに下から、太平洋プレートの影響を受けて生成されたマグマが富士山に向かって上昇してくるのですが、富士山がのるフィリピン海プレートは凸状にたわんだ形になっています。一つの説では、そのたわんだ部分には強い引張力がかかることから、そこに裂け目ができて、裂け目を埋めるように大量のマグマが集まり上昇する経路が形成されたのではと指摘されることもあります。

　その結果、富士山の地下深部では大量のマグマが供給され続けました。このことが、富士山が玄武岩のみを噴出し、かつ急速に成長した要因だと考えられています。

# 美しい円錐形の姿は
# こうしてつくられた

誕生してから約10万年。富士山が現在の姿になるまでの生い立ちをたどる。

## 山腹割れ目噴火と山頂噴火を繰り返して

　富士山を真上から見ると、標高が下がるにつれて北西から南東方向に伸びる楕円形で、これはフィリピン海プレートがユーラシアプレート、北米プレートに衝突する方向と一致します。これらのプレートが衝突する場所、つまり富士山の下の岩盤では北西―南東に強い力が加わり、岩盤内ではその力と直交する上部方向に割れ目が口を開けます。その割れ目を岩脈（マグマの通り道）としてマグマが上昇、溶岩を噴出させます。

図2：岩脈の形成および山腹割れ目噴火のモデル

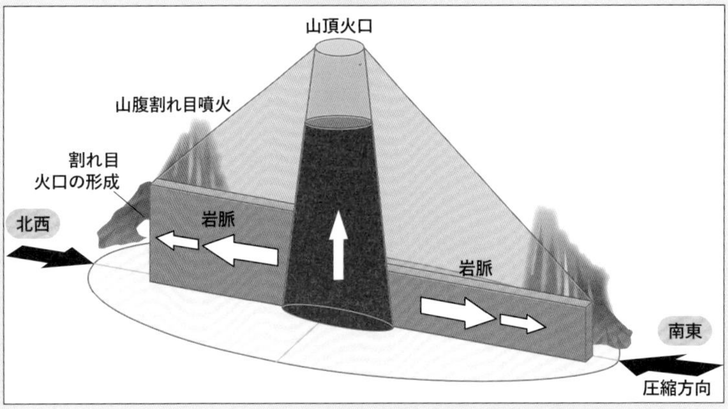

山頂火口
山腹割れ目噴火
割れ目
火口の形成
北西
岩脈
岩脈
南東
圧縮方向

　その結果、富士山の山腹では北西―南東方面に側噴火による「割れ目火口」が多数形成され、その度に溶岩が繰り返し噴出することによって北西―南東方向に伸びる楕円形の山体がつくられました。

　富士山はその生い立ちのなかで山腹割れ目噴火と山頂噴火が繰り返され、頻繁にマグマを地表に噴出させることで、山頂火口がそびえ、北西―南東に大きく裾野を広げた円錐形の姿が生まれたのです。

## 複数の火山を土台に成長した富士山

　広い緩やかな裾野と日本一の高さをもつ富士山。富士山が現在の姿になるには、山腹割れ目噴火と山頂噴火が繰り返されたことに加えて、富士山が複数の火山を土台に成長した火山であることも大きく関わっています。

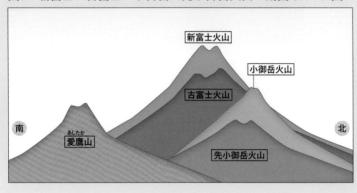

図3：新富士・古富士・小御岳・先小御岳火山の断面イメージ図

新富士火山
小御岳火山
古富士火山
南
あしたか
愛鷹山
北
先小御岳火山

　およそ26万〜10万年前に最初に誕生したのが先小御岳火山、小御岳火山。それらに覆いかぶさるように、約10万年前、小御岳火山の山腹で古富士火山が活動を始めます。古富士火山（最新の区分では富士火山の6つに区分された最初の活動期：星山期）は、火山灰を大量に噴出させますが、このころ地球は氷期にあたり、富士山は氷漬けの状態だったと想像されます。このようななか、富士山が噴火をするたびに地表の氷が解け、大量の融雪水が山肌を削って火山泥流となって山麓を埋め尽くします。こうして富士山の広い裾野が形成されていきました。

　さらに、古富士火山は、およそ2万年前に大規模な山体崩壊を起こし、東方向に「馬伏川岩屑なだれ」、南西方向に「田貫湖岩屑なだれ」として崩れ落ち、大量の土石が麓を厚く覆い尽くしました。

　相次いだ山体崩壊によって大きく姿を変えた古富士火山の隣に、現在私たちが目にしている富士山である新富士火山がいよいよ活動を始めます。

　新富士火山の活動の始まり（富士宮期：1万7000〜8000年前）には溶岩の大量流出が続き、山体を広く成長させていきます。その後、いったん噴火活動は低調化（須走−a期）しますが、噴火活動は、5600年前ごろから再び活発化します。それまでの溶岩流を大量に流す噴火活動から、爆発的な噴火を伴い、山頂及び山腹から噴火が発生するようになり、富士宮期に拡がった広大な溶岩の土台の上に溶岩や火山灰が幾重にも積み重なった急傾斜の円錐形の姿を形づくっていきます（須走−b期、須走−c期）。

## 富士山の姿は変わり続ける

　2900年前に起きた大規模な山体崩壊「御殿場岩屑なだれ」では、東側山腹が大きく崩壊しますが、その後600年ほどの間に、溶岩を流し続けて崩壊跡を修復します。山頂火口からの噴火は2300年前で終わり、その後の噴火はすべて山腹で起こっています（須走−d期）。

　前項でもふれたように富士山では、このような山体崩壊は、過去2万年間に少なくとも計3回起きていることがわかっています。富士山はそのたび噴火によって修復を繰り返し、山容を変えてきました。

　山体崩壊の原因は現時点ではよくわかっていません。少なくとも、2900年前の山体崩壊に大規模な噴火は関与しておらず、むしろ巨大地震が関与した可能性が疑われています。

　冒頭で述べたとおり、富士山は約10万年前に誕生した若い火山です。富士山を誕生させた大地の動き、つまりマグマをつくり出した太平洋プレートの沈み込み、富士山の火山としての特徴をつくり出したフィリピン海プレートとユーラシアプレー

▲水ヶ塚公園から見た宝永第一火口。夏の朝日が火口とその周辺を赤黒く染める

### 富士山活動履歴年表

| 活動期区分 | 最新の活動期区分 | 年代 | 噴火の特徴と主な出来事 |
|---|---|---|---|
| 先小御岳火山 | - | およそ26万〜16万年前 | - |
| 小御岳火山 | - | 16万〜10万年前 | - |
| 古富士火山 | 星山期 | 10万〜1万7000年前 | 南西側山頂部の大規模な山体崩壊、山頂部が大きくえぐり取られる馬蹄形崩壊谷をつくる。田貫湖岩屑なだれが発生 |
| 新富士火山 | 富士宮期 | 1万7000〜8000年前 | 大量の溶岩を流す噴火が多く起こる。新富士火山の誕生 |
| | 須走−a期 | 8000〜5600年前 | 噴火活動は低調 |
| | 須走−b期 | 5600〜3500年前 | 再び噴火活動活発化。溶岩、火山灰を多く噴出、山体を成長させる |
| | 須走−c期 | 3500〜2300年前 | 山頂火口での爆発的噴火が多く生じた。東側に山体崩壊を起こし、御殿場岩屑なだれが発生 |
| | 須走−d期 | 2300年前以降 | 山腹噴火のみ。宝永噴火、貞観噴火が起こる |

ト、北米プレートとの衝突（伊豆・小笠原火山弧と日本列島との衝突）は今も続いています。富士山が今、私たちに見せている美しい山容は、火山・富士山の一生のうちのほんの一瞬の姿といえるでしょう。

## 富士山の生い立ち　各時期の地形と、その時期に発生した代表的な噴火の様子を示した

**1 10万～2万年前**
星山期（古富士火山の誕生と成長）

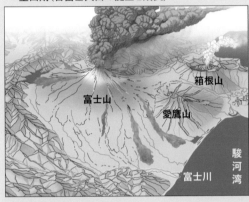

箱根山
富士山
愛鷹山
駿河湾
富士川

**2 2万～1万7000年前**
星山期（田貫湖岩屑なだれ直後の富士山）

田貫湖岩屑なだれ

**3 1万7000～8000年前**
富士宮期（新富士火山の誕生と大規模溶岩流）

三島溶岩流
村山スコリアの噴火
牧川溶岩流
万野溶岩流

**4 5600～3500年前**
須走－b期（新富士火山の成長）

潤井川
富士川

**5 3500～2300年前**
須走－c期（山頂の爆発的噴火と御殿場岩屑なだれ）

大沢スコリアの噴火
御殿場岩屑なだれ

**6 2300年前～現代**
須走－d期（山腹噴火の時代）

貞観噴火
宝永噴火
青沢溶岩流

『富士宮の歴史　自然環境編』（富士宮市）より
図提供＝小山真人（静岡大学名誉教授）、富士宮市　イラスト作成＝萩原佐知子

# 噴火がつくった富士山の世界

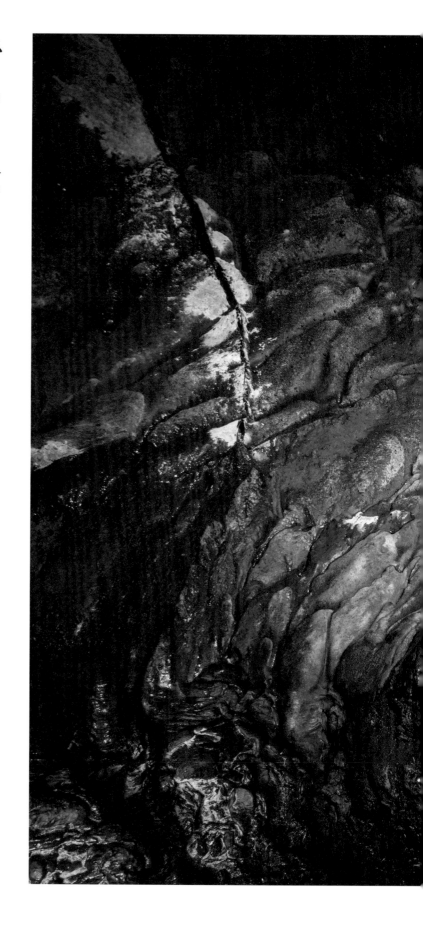

幾度もの噴火によって
生み出された、富士山を
取り巻く大地の造形と
祈りの形を写し撮る

▲5本の溶岩樹型が交差して地中に残った複合型溶岩樹型。照明を当てると、溶融した溶岩が滴る碧い世界が現われた

▲角のように流雲を突き破り飛び出す崩壊谷の崖、大沢崩れ（P56）を写す

# 01 | 山頂火口

2300年前から沈黙を続ける山頂火口に、
荒ぶる山、富士山の噴火の痕跡を見る。

## 爆発的噴火がつくった山頂火口

　3500〜2300年前の間、山頂火口は爆発的噴火をたびたび起こします。そのころ山頂の東側には古富士火山の峰の一部が残っていて、富士山は2つの峰をもつ山容でした。

　2900年前、東斜面が大きく崩れる山体崩壊（御殿場岩屑なだれ）が起こります。その際、東側にあったその峰は崩れ落ち、富士山の山容は一変。その後、2300年前まで繰り返された山頂火口での爆発的な噴火によって流れ出た大量の溶岩流が、東側斜面の崩壊した跡を覆い隠し、急速に山腹を修復したことで現在のような姿となりました。

　9世紀、平安時代の文献『富士山記』（都良香）には、富士山周辺に起きた現象を知る人物からの伝聞のほか、山頂の様子を伝える客観的な描写があり、この時代にすでに山頂に登った者がいたことを示しています。

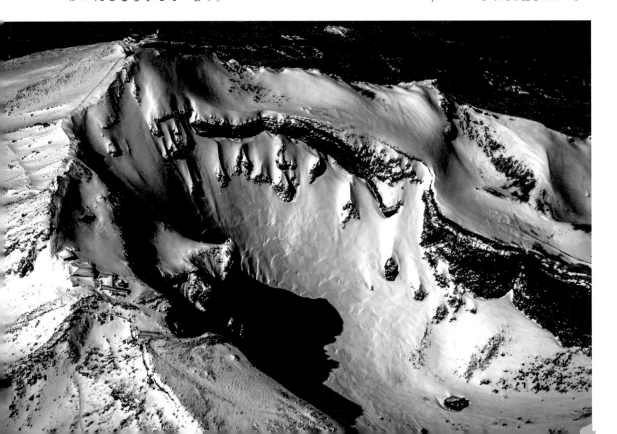

▼新雪直後の火口の空撮。左上のピークは日本最高地点の剣ヶ峰。左中央に写る虎岩は『富士山記』のなかで、「蹲虎」（そんこ・うずくまった虎）のようだと記されている

▶剣ヶ峰を俯瞰する。建物はかつて気象観測を行なっていた測候所。左斜面が山頂火口。測候所右手のゴツゴツとした斜面は「主杖流し」と呼ばれる岩稜地帯（溶岩流）。手前下の黒い影は大沢崩れ（P56）の源頭部

　2300年前から沈黙を続ける山頂火口。そこには荒ぶる火山として古代の人々から畏れられた、富士山の激しい噴火活動の痕跡が残されています。

## 8つのピーク

　山頂火口は直径約700mのほぼ円形をしています。山頂火口を取り囲む火口縁の最高点は、標高3776mの日本最高地点でもある剣ヶ峰です。山頂火口で最も大きな窪地が、標高3535mの火口底で大内院と呼びます。山頂に残る激しい火山活動の痕跡は、やがて信仰の対象になりました（＊）。火口縁には8つのピークがあり、室町時代から明治時代が始まるまで仏教由来の名で呼ばれていました。

　明治元（1868）年、明治政府による神仏分離政策により、およそ400年続いていた呼称の一部から仏教色が取り除かれました。下の呼称は、左が現在使われている名称、右は仏教由来の呼び方と関係神仏です。

❶剣ヶ峰＝剣之峰（阿弥陀如来）3776m
❷白山岳＝釈迦ヶ岳（釈迦如来）3756m
❸久須志岳＝薬師岳（薬師如来）3725m
❹成就岳＝経ヶ岳（不空成就如来）3734m
❺伊豆岳＝観音岳（観世音大菩薩）3749m
❻朝日岳＝大日岳（大日如来）3733m
❼駒ヶ岳＝浅間岳（文殊大菩薩）3722m
❽三島岳＝文殊岳（宝生如来）3734m

（ピークの呼称は諸説あり）

＊火山活動の痕跡は、特に仏教信仰の対象になった。富士山頂の8つの峰を蓮の花弁に見立て八葉やおはちと称した。蓮の花は仏が座る台座。火口の形がすり鉢状であることから「お鉢」とも呼ばれ、現在では山頂の峰々を巡ることを「お鉢巡り」と呼ぶようになった。

## 最も新しい山頂噴火の痕跡

　富士山頂の地表部分を観察すると、周囲は赤いスコリアで覆われているのがわかります。これは2300年前の山頂噴火による噴出物が厚く堆積したものです。しかし、その上を覆う別の堆積物はありません。これは2300年前の噴火が、山頂火口からの最新の噴火ということを示しています。

▲山頂の西側から剣ヶ峰を見上げる。周囲を赤黒いスコリアが覆う

## 伊豆岳に見えるさまざまな地層断面

　下の写真は伊豆岳、成就岳とその鞍部下の断面を写したものです。伊豆岳は、山頂噴火の噴出物が火口の縁に布団が覆い被さるようにして堆積しました。赤黒い色を示すのは、この場所

▲火口縁東の伊豆岳と成就岳の姿は、山頂で最も目を惹く噴火の痕跡

▲歯を剥き出したような柱状節理。中央に太い亀裂が見える。日本で最も高い場所に露出する柱状節理だ。富士山頂火口の溶岩湖は、地下からのマグマの供給が止まると冷え始め、100年以上かけゆっくり固まっていった。写真に写るピークは白山岳

が噴火口のすぐ近くに位置するため、非常に熱い環境の中でゆっくりと冷やされたことに原因があります。伊豆岳の山頂を形づくる帽子のような塊は、マグマの飛沫が堆積した後に固まったものです。

　伊豆岳と成就岳の鞍部を挟んで下に露出する地層は、2300年前より以前の山頂噴火による、山頂火口を満たしていた溶岩です。断面には、柱状節理（後述）と鮮やかな彩色の溶岩が見えます。この彩色は岩石が変質したためで、ここに活発な噴気活動があったと考えられています。

## 柱状節理が物語る溶岩湖

　山頂火口の西壁には、規則正しい柱のような割れ目、柱状節理の断面があります。これは流れ出た溶岩が冷えて固まっていく過程で、体積が収縮してできた現象です。

　この柱状節理の存在はかつて火口の中が煮えたぎる溶岩を湛えた溶岩湖の状態であったことを示し、最も深いところで150mはあったと思われます。

▲富士山頂火口はまるで天空にうがたれた異界へと続く巨大な穴だ

# 02

# 樹海を生んだ大噴火

貞観6年に起きた大噴火は、広大な森をつくった。
深い森の中で、今もその噴火の跡が口を開けている。

## 富士山噴火史上最大量の溶岩

　2300年前に富士山の山頂火口からの噴火は収まり、以降の噴火は、側火口からの噴火に変わりました。貞観6（864）〜7（866 *1）年に富士山北西の側火山に開いた割れ目火口から、大量の溶岩が流れました。「貞観噴火」です。このときの溶岩流を青木ヶ原溶岩流と呼びます。現在この溶岩台地の上に深い森が育まれ、青木ヶ原樹海と呼ばれる森林地帯となりました。
　貞観噴火は、長尾山とその南東に位置する氷穴火口列をつなぐ火口列（長尾山—氷穴火口列）と、大室山南西にできた火口列（下り山—石塚火口列）から大量の溶岩を流し、最も遠くは今の精進湖湖畔手前まで迫りました（P46）。流れた溶岩の量は富士山噴火史上最大だといわれています。

## 古代の歴史書に見る貞観噴火

　奈良・平安時代に、日本各地で起きているさまざまな出来事を収集し記録した国史が勅撰で編纂されました。その一つ天安2（858）年から仁和3（887）年までの平安初期30年間の出来事が書かれた『日本三代実録』には、貞観噴火の詳細が記録されています。駿河国、甲斐国から報告された記述からは、激しい噴火と被害の様子が生々しく伝わってきます（*2）。

［貞観6年5月25日の記述］
　駿河国からの報告。正三位浅間大神（富士山）が噴火した。その勢いは激しく、およそ一、二里四方を焼き、炎の高さは二十丈以上あり、雷鳴が轟き、地震が三度あった。十日あまり経っても火は消えず、岩を焦がし、嶺を崩し、火山灰や石が雨のように降り、噴煙が人を近づけなかった。焼けた岩石は、富士山の西北にある本栖湖に流れ込み埋めた。幅三、四里ほど、高さ二、三丈の溶岩流が三十里にわたって流れて、甲斐との国堺に達した。（曽布川要約）出典＝『読み下し 日本三代実録 上巻』（武田祐吉、佐藤謙

▶ 溶岩流に覆われた森の中に見つけた大きな噴火口。直径約20m、縁から底まで約5〜7mのすり鉢状で、底は大小の苔むした岩石で埋まっている。写真の噴火口は、「長尾山—氷穴火口列」の延長線上、大室山の東麓にある

*1　噴火が収束した貞観7年年末は、新暦の866年初頭にあたる。
*2　古代の長さや距離に関する資料によると律令時代の長さは、「丈」（10尺）は約3m、「里」（2160尺）は約648mに置き換えられる。『日本三代実録』の記述にその数値を当てはめると溶岩流の規模は次のようになる。「高さ約60m以上の炎が四方を約1km以上焼き払いながら本栖湖に流れ込み、幅約2km以上、高さ約6〜9mの溶岩流がおよそ19kmに渡って流れ甲斐国との境に達した」。貞観噴火で噴出したマグマがいかに大量で大規模であったのかがわかる。

三訳／戎光祥出版)

［貞観6年7月17日の記述］

　甲斐国からの報告。駿河国の富士山が噴火した。岩、草木を焼き尽くした溶岩流が本栖湖と剗の湖(せのうみ)を埋め、熱湯で魚、亀が死んだ。家屋は湖と共に埋もれ、或いは無人になった家屋は数知れない。溶岩流は東の河口湖に向かっている。本栖湖や剗の海が埋もれる前に大きな地震があり、雷と共に大雨が降った。山野がわからなくなるほどの雲霧が発生した後でこの災害が起きた。(曽布川要約)

出典＝『読み下し　日本三代実録　上巻』(武田祐吉、佐藤謙三訳／戎光祥出版)

　こうした古文書に残された噴火の様子に触れると、富士山に刻まれた火山の記憶が蘇り、現代に生きる私たちの目の前に荒ぶる火の山の姿が立ち上がってくるようです。

## 貞観噴火の火口を森に探す

　貞観噴火の火口列は山中の森林に隠れていて、明確な所在場所を示すものはありません。大室山の北西の大きな溶岩洞穴の上流側を地形図を頼りに散策していたとき、斜面に開いた大きな噴火口を見つけました（写真上）。開口部は直径およそ50mと広く、噴火口の縁から10mほど下りると倒木が積み重なっていて、そこから急斜面の縦穴をさらに7mほど下ると最深部です。

　見上げると壁面に赤い層が露出しているのが見えました。貞

▲上／青木ヶ原樹海の深い森に隠れた黒々とした噴火口が大きく口を開けている。石塚火口列の噴火口と思われる　左下／火口底から見上げると壁面に赤い層が見える　右下／この氷柱から落ち続ける水滴は、直下の岩を氷で包み込む（P74）

観噴火の際にできた石塚火口列の噴火口の一つだと考えています。

　天神山のスキー場脇から鳴沢林道に入り、1kmほど先から精進口登山道に入ると、西側に南東—北西に延びる幅10〜15mほどの窪地があります。窪地の縁に沿って登ると突き当たった断崖に深さ5mほどの縦穴を見つけました（写真下）。これらの窪地と縦穴は氷穴火口列を構成する噴火口と思われます。火口内側の壁面に荒々しい噴火の跡が残っていました。

▶上／噴火口内からストロボを使用して撮影。内側の壁面に荒々しい噴火の跡が残る　左下／穴の内部には、赤い砂礫が堆積している。噴火の際に周囲の地面が焼けたものだ　右下／冬になると氷柱が下がり、赤い砂礫の上には小さな氷筍が生まれる

## 青木ヶ原溶岩流に囲まれた大室山

　富士山北西麓、青木ヶ原樹海の南に富士山の側火山の一つ大室山（1468m）があります。青木ヶ原溶岩流は、大室山を取り囲むように流れました。溶岩流に覆われなかった大室山の斜面には、貞観噴火が起こる以前から森を形成していたミズナラやブナなどの落葉広葉樹林が残され、四季を演出します。

　一方大室山斜面と隣り合わせの溶岩流で覆われた地域では、溶岩が露出した荒々しい地表の上に針葉樹林帯がつくられ、ひと目でその景観の対比がわかります。大室山周辺を歩くと、その植生の違いから青木ヶ原溶岩流の跡を観察できるのです。

▲梅雨時になると生き返ったように枝を広げ新緑を輝かせる大室山のブナ林

▶上／溶岩流の上で栄養分を求め、根を絡ませ広げる樹々。保水条件が悪い環境でも育つモミやツガ、アカマツなどの針葉樹が鬱蒼とした樹林帯をつくる　中／秋になると溶岩流に覆われなかった大室山の斜面にはイヌブナやミズナラなどの落葉広葉樹が広がる。秋には紅葉が美しい　下／雪が舞い落ちる音が聞こえるほど静まり返る原生林。雪の下には溶岩流に覆われた地面が隠れている

　溶岩が広がる地表は硬く、樹々は地下に根を伸ばすことができず、雨水は噴火による噴出物が堆積している地面にすぐに吸収されてしまいます。わずかな水を求めて樹々は根を絡ませ合います。春夏秋冬、森には豊かな表情が広がります。

▲ 役割を終えた噴火口はどこか穏やかだ

# 03

# 貞観噴火が生んだ湖

大量の溶岩流は巨大湖を埋め、
湖を分断、新たな湖を生んだ。

## 巨大湖、せのうみを分断した青木ヶ原溶岩流

　9世紀、現在の本栖湖に隣接するように、せのうみという巨大湖がありました。貞観6（864）〜7（866）年に起きた貞観噴火による噴出量13億㎥もの青木ヶ原溶岩流が、本栖湖とせのうみの両湖に流れ込み、せのうみを分断、西湖と精進湖を誕生させました。その後、せのうみのほとんどは溶岩に埋まりました。その様子は『日本三代実録』（P38）にも記されており、過去5600年間の噴火のなかで最大規模の噴火でした。

　せのうみは東西8km以上の細長い湖で、湖面標高は894m、深さは約70mだったと考えられています。

## 本栖湖に残る溶岩流跡

　国道139号の本栖交差点から本栖みち（国道300号）を進むとすぐ左手に本栖湖キャンプ場、本栖湖畔があります。駐車場から続く東海自然歩道を湖畔沿いに歩くと、

▶全長4kmに及ぶ割れ目火口から溶岩が流出。図中ではそれぞれの火口から流出した溶岩ごとに色分けをした。噴火当初、下り山溶岩が本栖湖東側の一部とせのうみに流れ込んだ。その後長尾山からの長尾山溶岩が大量に流れ込み、湖のほとんどが埋め立てられた。貞観噴火で流出した溶岩を総称して青木ヶ原溶岩とする

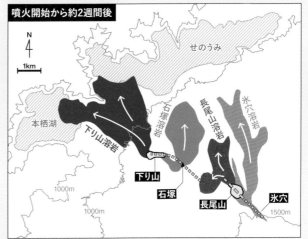

貞観噴火の溶岩流が
せのうみを埋め、西湖、精進湖を誕生させた過程

噴火開始から約2週間後

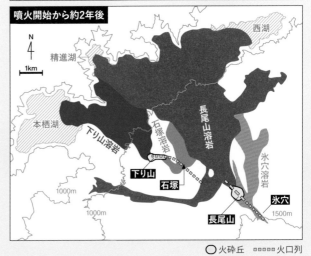

噴火開始から約2年後

○火砕丘　┅┅┅火口列

図提供＝鈴木雄介

▲本栖湖に流れ込んだ青木ヶ原溶岩流跡が生々しい。富士山の左に大室山が見える。本栖湖は貞観噴火以前にすでに独立した湖だった

左手に青木ヶ原溶岩が湖に流れ込んだ場所が見えてきます。溶岩流は本栖湖の東端に至りましたが、湖をさらに埋め立てることはありませんでした。東海自然歩道から水際に下りて、ゴツゴツとした溶岩の上を富士山を背にして歩いていくと、溶岩が扇状に広がりながら流れ込んだ様子がよくわかります。

　水際から底をのぞくと、ゆらゆら揺れる水藻の下に流れ込んだ溶岩が広がっているのが見えます。本栖交差点から直進して最初のトンネル手前までこの溶岩地帯は続いています。

## せのうみが分断されて生まれた精進湖、西湖

　青木ヶ原溶岩流によって埋め立てられた巨大湖は、せのうみの西の端に精進湖、東の端に西湖を残しました。精進湖の北西、西湖の北側には御坂山地が連なっています。もし溶岩流がせのうみを埋めて御坂山地にまで迫っていたら、この2つの湖は存在していなかったかもしれません。

　西湖の西端から対岸を見ると、すぐそこまで溶岩が流れ込んできていた様子がわかります。その溶岩の向こうに足和田山が高く聳えているため、富士山は五合目から上部しか望めません。

　なお、精進湖、西湖、本栖湖の湖面標高はいずれも900mです。このことから三湖は地下でつながっていると考えられています。

▲精進湖湖畔からは、青木ヶ原溶岩流跡が確認できる。上の写真は精進湖の南西奥の湖面に突き出した溶岩流の上から北東に向いて撮影した。奥に見える樹林帯は、御坂山地に向かって精進湖のさらに奥へと流れ込んだ溶岩流の上に広がっている

▶精進湖の北西から見た富士山。湖面の上の樹林帯は、せのうみに流れ込んだ青木ヶ原溶岩流の末端

▲ 西湖から見た富士山。手前の樹林帯が青木ヶ原溶岩流。富士山五合目付近から画面左端へと上る樹林帯は足和田山

# 04

# 岩屑なだれがつくった湿原地帯

約2万年前、古富士火山で大規模な山体崩壊が起こる。
崩れ落ちた土砂は、山麓に堆積し湿原をつくった。

## 約2万年前の山体崩壊が残した小田貫湿原

　今から約2万年前、古富士火山で大規模な山体崩壊とそれに伴う岩屑なだれが起きました。山体崩壊とは、火山活動や大地震が原因となって山体の一部が大きく崩れ落ちる現象をいいます。このときに崩壊した山体の残骸が、高速で流れ落ちる岩屑なだれとなって広域に堆積します。富士山では過去2万年の間に少なくとも3回起きています。

　岩屑なだれは、田貫湖（＊）の西方に連なる天子山地にぶつ

▼夏の早朝には霧が小田貫湿原を覆い、周囲は幻想的な雰囲気に包まれる。木道からは、富士山を望むことができる

▲小田貫湿原には多くの小池が点在している

かって止まると周囲に厚く堆積して台地を形成しました。岩屑なだれによる堆積物は泥質分を多く含むため水を通しにくく、地表に水が溜まりやすいため、田貫湖周辺の台地上には多くの沼地や湿地が存在していました。現在、湿地の多くは消失しましたが、田貫湖北側の小田貫湿原でかつての湿地帯の様子をうかがい知ることができます。

　小田貫湿原は、大小125余りの池が点在し、アサマフクロウ、サワギキョウなど多くの貴重な湿性植物が群落をつくる富士山西麓唯一の湿原地帯です。20種余りのトンボ、両生類や蝶など多種多様な生物が生息しています。

＊田貫湖は、関東大震災（1923年）の影響で減少した農業用水の確保のために、周辺の沼地の一部を堰き止め拡張してつくられた農業用水池。1936年完成。

▲田貫湖には「ダイヤモンド富士」を見に多くの人が集まる

# 05

# 白糸の滝

古富士火山を覆うように成長した新富士火山。
新旧2つの火山の地層の間を巡った水は、
やがて湧水となって地表に現われる。

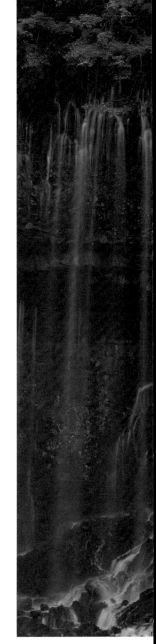

## 古富士と新富士の地層を巡る水

　現在の新富士火山の下には古富士火山が存在します。富士山に降った雨水や雪は地中に浸み込むと、その水は、新富士火山の溶岩流の割れ目などの水を通しやすい場所を流れ、透水性のわるい古富士火山の地層に堰き止められて溜まります。長い時間をかけて富士山の新旧地層の間を流れ、溜め込まれた地下水は、やがて地表に現われます。新富士火山による溶岩流の末端で流れ出た湧水が、西麓の富士山本宮浅間大社境内の湧玉池や猪之頭湧水群、北麓の忍野八海の湧水池など。一方富士山の裾野がえぐられて露出した断面から噴出したのが白糸の滝です。

## 白糸の滝に見る地下水の流れ

　猪之頭湧水群が水源の芝川の流れは、上井手で本流と分流に分かれます。その分流の数百メートル下流にあるのが白糸の滝です。白糸の滝は新富士火山初期（富士宮期）の溶岩流にかかります。絶壁の左側に見える最も太い滝水は、芝川の分流に古富士泥流で堰き止められ流れ出た湧水が加わったものです。しかし、下流側の崖から幾筋も流れ落ちる細い滝水は、芝川からではなく新富士火山初期（富士宮期）の溶岩と古富士泥流の地層の間を長い時間をかけて巡ってきた地下水が、2つの地層の境から流れ出たものです。一方、分流と分かれた芝川の本流の下流には音止の滝（P54）があります。富士山の豊富な地下水が、このダイナミックで美しい景観を生み出しました。

▲ 透水性のよい新富士火山初期（富士宮期）の溶岩と透水性のわるい古富士泥流の地層の間から噴出する幾筋もの滝水

▲ 崖からは柱状節理がのぞく

▲ 滝水で侵食された奇岩

▲繊細な流れの白糸の滝とは様相の異なる音止の滝

## 音止の滝と芝川の激しい侵食

　音止の滝は落差25mの絶壁から轟音とともに芝川の水を大量に落とします。滝は、水流や土砂による侵食で下流側の川床が削られ段差ができることで生まれます。この侵食が到達している地点を「侵食前線」といいます。侵食前線の滝は長い時間をかけて徐々に上流側へと移動（後退）していきます。

　音止の滝の展望場所から下流を眺めると、激しく侵食され切り立つ両岸が続く深い峡谷を芝川が流れ下って行く様子が見えます。一方、白糸の滝と音止の滝の上流では芝川は渓谷をつくって流れてはいません。これは、2つの滝が芝川の侵食前線であることを示しています。

▲繊細な流れの白糸の滝とは様相の異なる音止の滝

▶白糸の滝から1.3kmほど下流の芝川に架かる狩宿大橋から川面まではゆうに20mを超える。狩宿大橋からは、侵食前線である音止の滝（落差25m）と白糸の滝（落差20m）へと続く深い峡谷の様子が見える

## 知られざる三滝

　白糸の滝、音止の滝の数百メートル上流には、牛淵の滝、朴の木淵の滝、神棚の滝があります。樹々が生い茂る芝川の中洲にあるため、外からは見えずあまり知られていません。

　芝川の中洲に降り、上流へ向かって沢筋をたどると、神棚の滝があります。高さ約10mの崖から芝川が豊富な水を落とし、滝の裏の古富士泥流層には、滝水で侵食され石仏の姿をした石が現われ、滝を囲む湾曲した崖の地層からは、大小の岩石が一面に露出しています。振り返ると芝川の上に富士山がそびえていました。

　神棚の滝の周辺には、牛淵の滝、朴の木淵の滝があります。この2つの滝は、普段は水を落としていませんが、大雨の後に訪れると、それぞれの滝は水を落とし滝壺には水が張っていました。

▼神棚の滝。雨後や融雪期にはさらに水量が増す

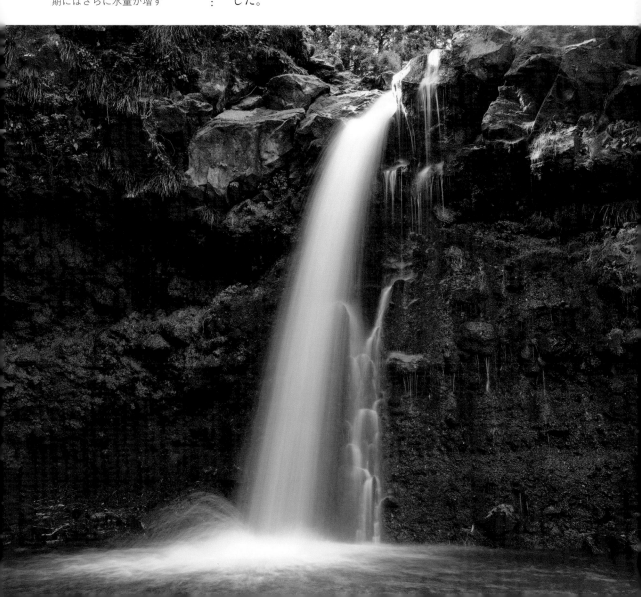

# 崩壊谷と大滝

富士山の深い谷で、今も崩壊を続ける大沢崩れ。
崩壊谷の末端に現われる大滝の姿をとらえた。

## 富士山最大の崩壊谷 大沢崩れ

　富士山の山肌には、放射状にいくつもの谷が刻まれています。
その一つ、剣ヶ峰から続く大沢には、現在も崩壊を続ける「大
沢崩れ」と呼ぶ崩壊谷があります。その長さは2.1km、最大幅
500m、最大深さ150mに及びます。谷に堆積した土砂が、融雪
や大雨時に土石流となって押し流され、これまで幾度もの土砂
災害をもたらしてきました。

　『富士宮の歴史　自然環境編』（富士宮市刊）によれば、大沢
の下流に流れ込んだ溶岩が水食を受けていることから、大沢の
北側には現在の大沢よりも古い谷（古大沢）があったといわれ
ています。山頂から噴出した溶岩流が古大沢を埋め立て、その
後新たな侵食と崩壊によって、大沢崩れがつくられ現在に至っ

▼剣ヶ峰より見る大沢崩
れ。大沢崩れの谷壁の溶
岩層は割れやすいため、
岩盤落下は常に起きてい
る。左岸の崖面には溶岩
が積み重なった層が、富
士山の斜面に平行に連な
り下る

▲上／富士宮市人穴から見た大沢崩れの源頭部　下／富士宮市朝霧霊園付近から見た大沢崩れ。凍りついた崩壊谷の様子を望遠レンズで写す。春先の大雨で谷に厚く堆積した土砂が、凍結した谷底を一気に流れ落ちる。この雪代（ゆきしろ）と呼ばれる雪崩は、山麓の人家に甚大な被害をもたらしてきた

たと考えられているのです。

　大沢崩れから押し流された土石流は、下流に大沢扇状地をつくりました。その形成時期については、「扇頂部の堆積層から見つかった流木片の年代測定が九五〇（±五〇）年前を示したことから、大沢崩れは約一〇〇〇年前に形成され現在に至った」（『富士宮の歴史　自然環境編』富士宮市刊より）と考えられています。また、国土交通省富士砂防事務所の調査によれば1971～2021年の51年間で大沢崩れの崩壊土砂の量は約640万㎥。流出した土砂の量は同年間で約766万㎥で、年平均約15万㎥。今もその崩壊は進み、崩壊谷の姿は変わり続けています。

## 崩壊谷の末端にある断崖　大滝

　朝霧霊園付近から山中へ、大沢の岩樋を左下に見ながら進み、標高1490mにある砂防堰堤の観測カメラの下をくぐると大滝の断崖が見えてきます。沢底には巨岩が荒々しく堆積し、まさに崩壊地の入り口に立つ思いがします。時折、大沢崩れの上部で岩石が落ちる音がゴロゴロと雷鳴のように谷に響き渡ります。

▲上／富士山の喉仏のように思える大滝の断崖
下／赤土の上に巨岩が転がる断崖直下。荒々しい地層を目の当たりにすると身震いする。この景観は美しい風景とはほど遠い。しかし変わり続ける富士山の一面を垣間見ることができる貴重な場所だ。大沢崩れの崩壊が進むとともに大滝の姿も変わっていくのだろう

▲上の写真を撮影した日は、横なぐりの大雨が降っている最中にもかかわらず滝の水は細く、谷を回る強風が滝を揺らしていた（2021年5月撮影）

　普段は水は流れていない崩壊谷ですが、大雨に伴う出水時には大滝に落差約30mの滝が出現します。雨量によって滝の姿や勢いは異なり、豪雨の際には滝が断崖直下を激しく叩き、土砂によって崖下の様子が変化します。しかし雨の勢いが弱まるに従い滝は細くなり、雨が上がると滝は姿を消してしまいます。

▲激しい雨の中大滝に着くと、土砂を含む太い滝が水煙を上げながら落ちていた（2021年7月撮影）

# 07

# 市兵衛沢

富士山の噴火活動で噴出した溶岩流などが、山腹に多くの沢を残した。
その一つ、富士山スカイラインの標高1100m付近に市兵衛沢がある。

## 大雨で姿を現わす空堀沢

　富士山スカイラインの標高1100m付近の山側に市兵衛沢の標
識があり、独特の表情を刻む高さ約7mの壁が見えます。普段
は水が流れていない空堀沢です。

　富士山に降る大雨は、土砂とともに富士山山腹の沢から溢れ
出し、富士山スカイラインの標高1000m付近は氾濫川のごとく
変貌します。その豪雨が市兵衛沢にさまざまな表情の滝をつく
ります。融雪期の豪雨では、最初、白い水を落とします。シャ
ッタースピードを変えて何枚も撮影したところ、写真のように
妖艶な姿を見せることがありました。また9月、台風が発生す
るころの豪雨では、大量の土砂が流れ落ち鬼のような滝姿に豹
変します。

▼市兵衛沢は標高約2500
mから続く空堀沢で、沢
底には約5600〜3500年
前の溶岩が露出している。
平時はこのような優しい
表情だが、雨によりさま
ざまな滝姿に変貌する。
1834年の豪雨では富士山
麓広域で大規模なスラッ
シュ雪崩（雪代）が発生。
市兵衛沢を流れ下った雪
代は富士宮市で弓沢川、
潤井川へ流れ込み、村々
に甚大な被害を与えた

▲左／融雪期の豪雨で現われる滝は、雪水を含み白く妖艶な姿を見せる
右／落差約8mの絶壁に生まれた滝。下流にはさらに大小の滝ができる

　富士山に降る豪雨は濁流となってスカイラインの下を勢いよくくぐると、下流側の絶壁で落差8mほどの滝をつくり、その先でも大小の滝をつくりながら富士宮市街へと流れ下ります。

　ただし、こうした光景が見られるのは雨が降りしきる間だけ。雨の勢いが弱まるにつれ、水流はみるみるうちに細くなっていきます。

▲土砂で真っ茶色の姿に変わった

# 08

# 溶岩洞穴

青木ヶ原樹海の溶岩洞穴には、
灼熱の溶岩流が残した異世界が広がっていた。

## 平安時代の噴火がつくった異世界

青木ヶ原樹海では、溶岩洞穴、もしくは風穴と呼ばれるトンネルがいくつもつくられました。これらは、平安時代に発生した貞観噴火（P38）によってできたものです。

溶岩流は空気や地面に触れている表面は冷えて固まりはじめますが、内部はドロドロに溶けた状態のままです。その溶けたものが外に流れ出た後に空洞が残ります。空洞は後から何度も流れ込んでくる溶岩流により全長を延ばし、同時に全体が拡大成長します。このトンネル状に延びた空洞が溶岩洞穴です。青木ヶ原樹海にはたくさんの溶岩洞穴ができました。筆者は、そのうちのいくつかに入り、内部に広がる異世界を見てきました。

▶洞穴の大きな開口部を抜け、太陽の光に向かって伸びる樹の根は、水を求めて硬い溶岩の上で身をくねらせている（軽水風穴）

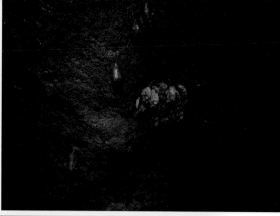

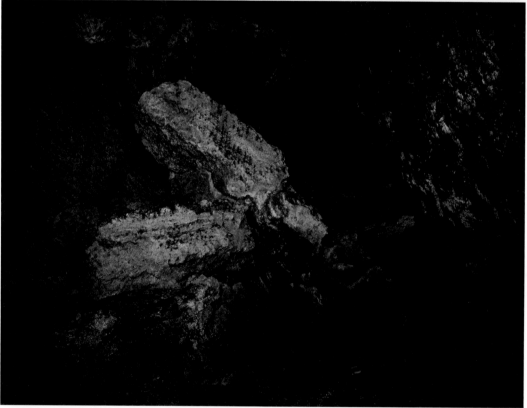

▲左上／地上に開いたもう一つの穴からは陽が差し込み、滴る水がキラキラと飛び跳ねる。オーバーハングした穴の縁から底までは約7m　右上／冬には洞穴内の天井部のあちこちでコウモリが身を寄せ合って冬眠している　下／天井部から落下したと思われる巨岩。巨大怪獣の白骨のようだ

## 溶岩洞穴を歩く①　軽水風穴

　軽水風穴は、精進口登山道と標高1260m付近で交差する、軽水林道の北西側に広がる樹林帯の中にあります。5つの溶岩流の流路が連結したものと考えられ、幅約3〜10m、高さ約5〜10m、全長は約500mの規模の大きな溶岩洞穴です。

　洞穴がある窪地は、深さが約8mあり、窪地の縁からは急傾斜のすり鉢状をしています。窪地に下り、洞穴内へと続く穴を下りていくと、落盤した岩石が積み重っていて、その上にもオーバーハング状の開口部があります。冬はヘッドライトの光が奥まで届きますが、夏は洞穴内部に充満する霧に光が反射して目の前は真っ白になります。

取材協力（P64〜70）＝富士河口湖町教育委員会生涯学習課文化財係

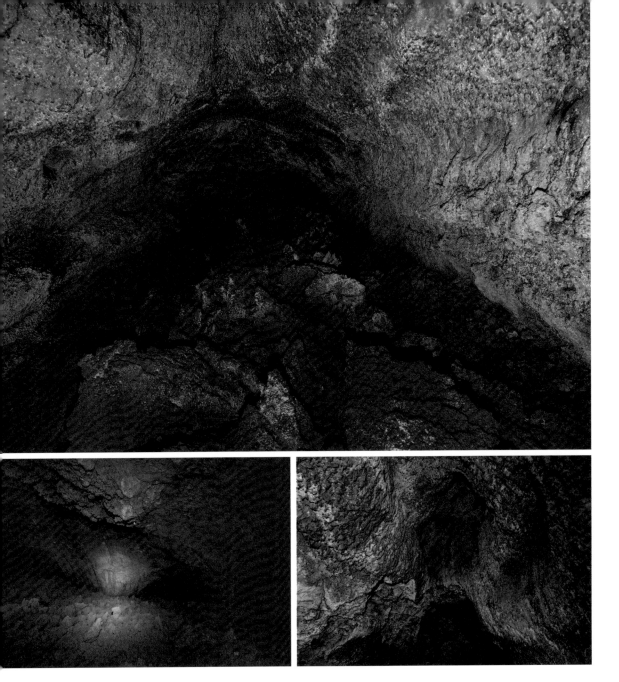

　洞穴の地面には、大小の溶岩の塊が積み上がり、波のように
うねりながら奥へと続いていました。

　できはじめの分厚く長大な溶岩洞穴の内部では、灼熱の溶岩
が煮えたぎる濁流のごとく流れていたのでしょう。溶岩が流れ
た跡を歩くとその様子が想像できます。さらに奥へと進んでい
くと流れは二手に分かれ、すぐ先で合流し再び一本になります。

　天井部には、洞穴内に充満していたガスが地表に抜け出そう
とした穴が何カ所もうがたれており、穴の奥からヘッドライト
の光に目を覚まされたコウモリたちが慌てて飛び出してきまし
た。

▲上／洞穴の奥へと続く
波打つ溶岩流　左下／溶
岩流の行く先を二手に分
けている太い岩の柱　右
下／この穴は外には通じ
ていない。洞穴内に充満
したガスが地表に抜け切
らずに残った穴。周囲の
壁は紫や黄色に彩色され、
一部は溶岩鍾乳石に覆わ
れている

▲左／洞穴内が高温の環境下で徐々に冷えながら、溶岩に含まれる鉄分が酸化し赤くなった岩。洞穴内所々で、赤や黄色に彩色された岩が見られる　右／天井部を突き破るようにして巨岩が垂れ下がる空間。溶岩が冷えて固まるときに表面が収縮してひび割れる、節理現象が現われている

　軽水風穴のそれぞれの空間は、天井部と床面の溶岩塊の大きさや形状、色が異なります。高温の環境下で溶岩の鉄分が酸化して赤く染まった岩や壁。天井を突き破るように巨岩が垂れ下がる空間。銀色に輝く壁面や紫色の溶岩鍾乳石群。そしてそれぞれの空間をつないでいる狭小部。なぜこうした異なる形状が残ったのでしょうか。暗闇でしばらく立ち止まり、洞穴内を満たした溶岩が流れている様子を想像します。

　ふと気配を感じて上を見ると、巨大な目玉に睨まれていました。早く出て行けと言いたいのか、よく来た！と歓迎されているのか。

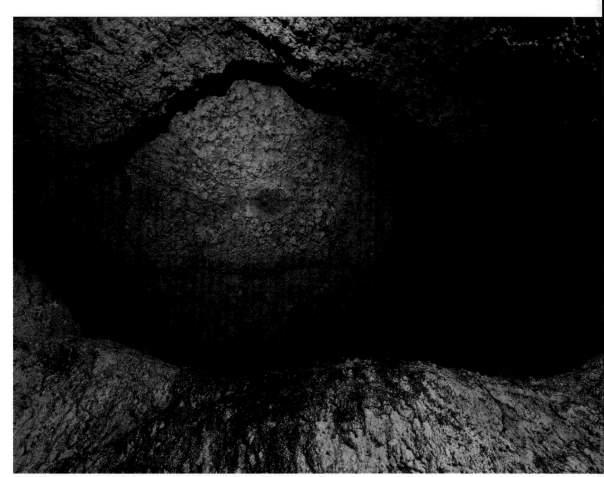

▲巨大な眼球が飛び出しているような天井部に開いた穴。この穴の先は地上に通じている

さまざまな貌が暗闇の中で息を潜めています。

　壁の表面が剥がれ落ちたようになっている場所や、壁面から棚のような形状が突き出し続いている場所があります。これらは溶岩棚と思われ、流れた溶岩流の水位を示しています。

▼壁から突き出る棚状の現象は溶岩棚。溶融状態の壁の表面が崩れ落ちたり、床部の沈下に伴う壁面の落下などでできる

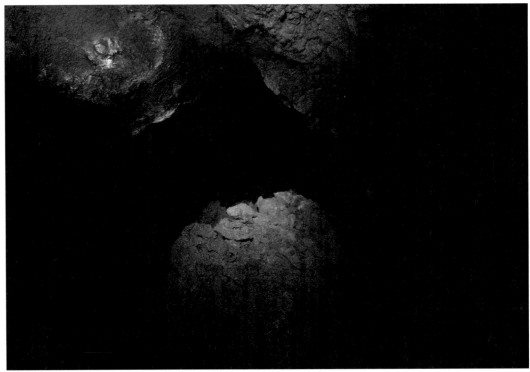

▲洞穴内の所々には彩色された溶岩が見られる

▲最も高い天井部。ガス
が抜け出そうとして残っ
た穴が小さく見え、天井
部の高さを強調する

　筆者が「回廊」と名付けた、天井部が最も
高い場所があります。ここにもガスが抜け出
そうとした穴が見えます。

　回廊の壁面に不思議な模様が、ヘッドライ
トの光の中に浮かび上がりました。実際には
壁の色や、壁面の細かな凹凸状の陰影によっ
てそう見えるものですが、まるで誰かが描い
た壁画のようです。

　さらに進むと、よつんばいにならなければ
通れない狭小部になり、そこを抜けるとまた
異なる様相の空間が広がります。その先では
次第に天井部が下がり、洞穴内は狭くなって
いきます。洞穴がまだ先に延びていることは
確認できましたが、そこへと続く狭い穴をく
ぐり抜けることはできませんでした。

　溶岩洞穴の中を歩いていると、富士山の血管に入り込んだよ
うな感覚になります。自分がどんどん小さくなり、富士山の世
界はますます大きく、果てしなく広がっていくようです。

▲洞穴の壁に浮き出た模様は、まるで壁画のようだ

## 溶岩洞穴を歩く② 眼鏡穴

　貞観噴火の際に形成された溶岩洞穴の一つ、眼鏡穴は、幅約3〜5m、高さ約2〜5m、全長約150mの規模で、開口部は深さ約2mの窪地です。窪地に下りて狭い入洞口から入り、ゴツゴツとした溶岩の上を歩くとほどなくして足元に深さ約2mの縦穴が現われます。その上に開いた穴からは外の光が差し込んでいました。広いドーム状の空洞部の壁一面に溶岩鍾乳石が放射状に広がり、壁面の窪みからは赤い溶岩の塊が溢れ出ています。

▲眼鏡穴の周辺には、神座風穴や大室洞穴、背負子風穴といった溶岩洞穴があり、ここを溶岩流が流れていったことがわかる。夏の雨上がりには天井の穴から陽光が差し込み、光芒のダンスショーが繰り広げられる

▶最深部の壁面に異様な形相が浮かび上がる。放射状の溶岩鍾乳石群は、洞穴内のガスが外に抜け出す際に、内部の溶融した溶岩上に吹きつけられた跡。大きく開いた口からは赤い溶岩の塊が溢れ出ている

## 溶岩洞穴を歩く③　溶岩球がある小さな洞穴

　青木ヶ原樹海には軽水風穴のような大規模な溶岩洞穴だけでなく、小さくても特徴をもったさまざまな洞穴があります。そのうちの一つ、奥行き50mほどの、2つの入洞口をもつ洞穴をのぞいてみました。奥には、岩石がドロドロの溶岩を巻きつけながら流れていくうちに球体状になった「溶岩球（きゅう）」が2つあります。一つは綺麗な球状を保ち、小振りながらもその重さで地面は窪んでいました。

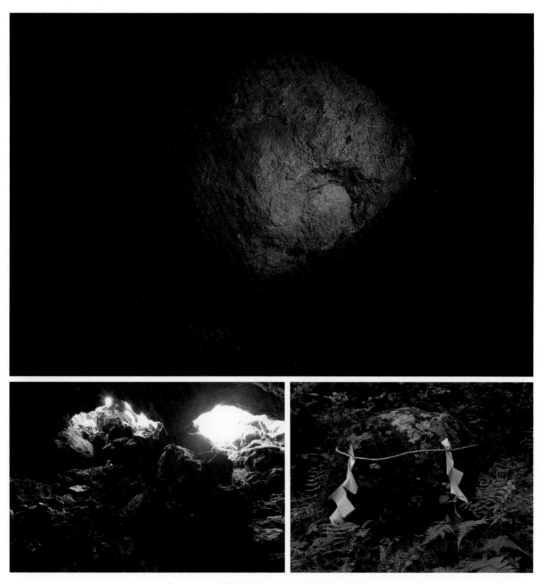

▲上／外光が差し込むと溶岩球の表情は一変し、怪しげな目でこちらを見つめ微笑む。直径およそ150cmで綺麗な球状を保つ　左下／目玉のように開いた2つの入洞口から光が差し込む朝のわずかな間だけ、洞内の溶岩球が生き生きとした表情を見せる　右下／溶岩球はほかでも見られる。紙垂（しで）を巻かれたこの溶岩球は吉田胎内神社（P98）の石段傍らに祀られている

▲大きな一つ目が立ち入る者を威圧する

# 09

# 樹海の氷

樹海の地下には、生成と消滅を繰り返す氷の世界がある。
奇妙で不思議な表情を紹介しよう。

## 樹海に息づく氷の世界

　樹海には、人知れず生成と消滅を繰り返している氷の世界があります。冬から春にかけて、青木ヶ原溶岩流が残した溶岩洞穴には不思議な氷の世界が生まれます（*）。特に氷筍（水滴が凍りつき、上に伸びたもの）は、想像できないほどユニークな姿形を見せます。

＊空気は冷たいほど比重が大きいため、冷気は地下にのびる溶岩洞穴内に蓄えられ、洞穴内は常に冷涼な温度環境に維持される。こうした溶岩洞穴を、風穴（ふうけつ）、氷穴（ひょうけつ）とも呼ぶ。

▲凍りついた岩壁から巨大な氷柱が下がり、こぶのように飛び出した氷の目玉がこちらを睨む

▲赤鬼のような形相の岩を取り囲むようにして無数の氷柱が垂れ下がっていた

　溶岩洞穴のなかでも、一年を通して内部が低温に保たれている洞穴は、明治時代に蚕の種紙の貯蔵庫がわりに活用され、日本の養蚕業を支えていました。

　こうした溶岩洞穴では、冬から春にかけて洞内に大きな氷柱がいくつも下がり、溶岩の上にさまざまな表情の氷筍が生まれます。

▲左／氷の世界は溶岩洞穴の中だけで生まれるのではない。写真は石塚火口列噴火口で撮影したもの。溶岩の上に落ちて跳ねた水滴が苔の上で粒状に凍りついている　右／冬の初めに樹海を歩いていると、氷を張った小さな水たまりを見つけることがある。急速に冷却されたせいで中に気泡を残したまま凍りついていた

# 氷筍が生まれる洞穴 富士風穴

　一年を通して大小の氷筍を見ることができる代表的な溶岩洞穴に富士風穴があります。幅が約5〜10m、高さが約5m、全長が約200m以上の大きな洞穴です。写真の大きな窪地は、溶岩が収縮または脆弱化したことで洞穴の天井部が陥没してできたものと考えられています。窪地に2カ所の入洞口があり、東側の入洞口から入ると氷の世界が広がっています。

　富士風穴は、明治から昭和の初めまで、前述の蚕種紙の貯蔵に使われていた洞穴の一つです。

▶富士風穴の入洞口がある窪地。窪地の底にはかつて蚕種紙貯蔵のための作業小屋があった。富士河口湖町教育委員会によると、令和元年ごろまではおおむね平均0度だった洞内温度は、近年平均+0.5度の上昇傾向にある。ここ2〜3年で内部の氷の表面のレベルが1m以上も低下し、風穴内の氷の数は減少した

▲窪地の底から上がってくるとカメラレンズがすぐに曇る。洞穴内部から流れ出す冷気と外気の温度差が大きいためだ。その温度差で真夏の朝には窪地の上部に霧が発生し、美しい光芒が踊る

**1** 1月下旬の富士風穴内部。天井部からの落盤と思われる岩塊に小さな氷筍がいくつもできている。この場所から氷床を100mほど下ると、洞内の最深部に突き当たる　**2** 最深部の高さ約5mの壁面の窪みにできた小さな氷筍　**3** 4月になるとこの壁の下に数多くの氷筍が育つ　**4** 4月下旬には氷の表面に細かいひびが入り、内側から解け始め内部に水が溜まる　**5** やがてその水と一緒に溶岩の上に広がるように氷筍は解けて、消滅する

取材協力＝富士河口湖町教育委員会生涯学習課文化財係

▲溶岩の上に生まれたての氷筍を見つけた。ライトの光が若々しい姿を暗闇に浮かび上がらせた

## 氷の世界を見にいく

　筆者は、春先に樹海の溶岩洞穴に潜って氷を探します（＊）。でき始めの氷筍は小ぶりで表面は硬く滑らかで、若々しい表情をしています。別の洞穴では、すでに成長したくましくなった氷筍たちが肩を並べるように溶岩の上に立ち、洞穴内はにぎやかな雰囲気になっていました。

▲肩を寄せ合うように所狭しと立ち並ぶ氷筍

＊富士風穴のような代表的な風穴以外、存在は確認されていても、そのほとんどの所在は明らかにされていない。青木ヶ原溶岩流が流下した跡をポツポツとたどりながら樹海に潜む洞穴を自力で探すしか、見つけ出す方法はない。

4月の終わりごろ、洞穴では暗闇のあちこちからボチャン、ポッチャンといった音が、水琴窟のごとく響き渡っていました。頭頂部が破れ、水を溜めた氷の壺の中に天井部からひっきりなしに滴り落ちる水音です。飛び散った水滴が、氷の表面に美しい模様を描きます。すでに中の水がすべて流れ出し、極薄の氷の皮だけになって立ち続けているものもありました。

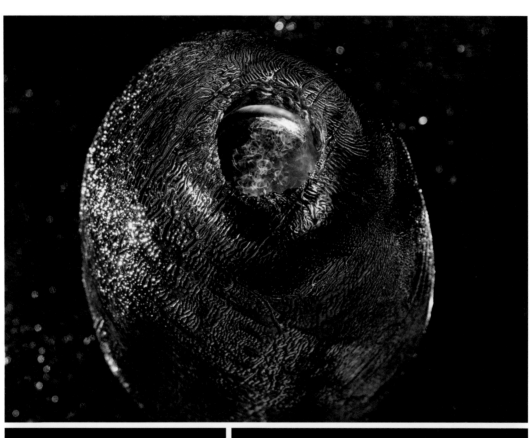

▲上／水滴に叩かれて頭頂部に穴が開き、中に水を溜めて壺状になった氷筍　左下／内部の氷がすべて解け出してしまい、極薄の状態で立ち続ける氷筍　右下／頭頂部で跳ね続けた水滴が氷の表面に美しい糸模様をつくる

## 氷筍の個性

　氷筍は毎年生まれ育ちますが、同じ表情は二度と見せてはくれません。個性豊かな表情に魅了されて何回も訪れるうちに、氷のほうから声をかけてくれるようになりました。

　「俺を撮ってくれ」「私はここよ!」。声がする方向につるつるの岩の上を歩き回ります。氷の世界から退出するときは、1000年以上もの間密かに生成と消滅を繰り返す彼らと、この異世界をつくった富士山に敬意を込めて頭を下げます。

▼洞穴の壁に張り付き、盛り上がった氷筍。頭部に細かいひびが入り独特な表情を浮かべている。天井部から水が滴る場所に毎年氷筍は生まれるが、その表情は毎年違う。生まれる数や大きさも変わる。その様子は訪れてみないとわからない

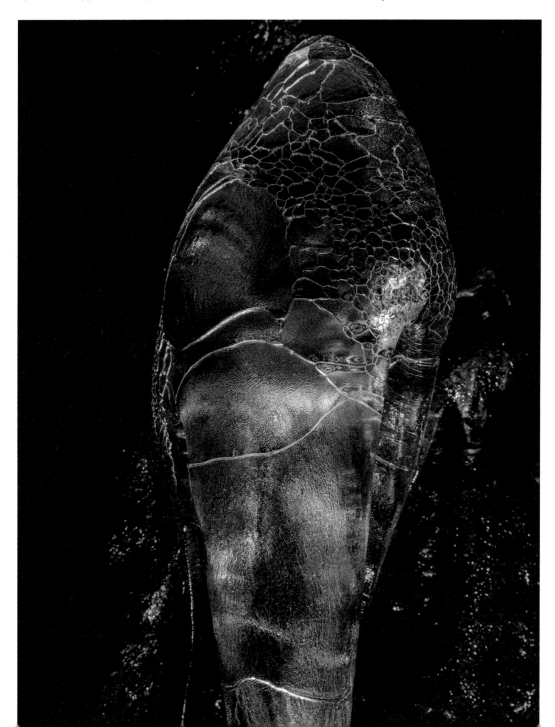

▲三本の氷が成長するうちに合体して一つになった

▲「おい!」と呼ばれた気がして振り向くと彼がいた

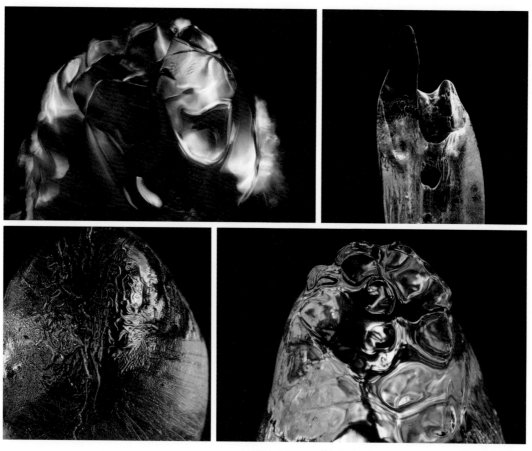

▲氷たちにレンズを向け、とにかくシャッターを切っていく。
じっくり撮影している暇はない。あちこちから声がかかるから

# 富士山に現われる雲

▲彩雲（富士ヶ嶺）

富士山にかかる雲はさまざまな形や色彩を見せます。
彩雲（さいうん）は色鮮やかな羽衣をまとった天女が舞う姿にも似て、
笠雲（かさぐも）は、山頂を覆うように広がり、吊（つ）るし雲（ぐも）は消えたと思うと突然再び出現する。
富士山はそんな雲たちとのランデブーを楽しんでいるようです。

◀日の出前に出現した彩雲が、形や色を
変化させながらしばらく浮かび続けてい
た（富士ヶ嶺）

▲クラゲのようにゆらゆらと細い脚で山頂に絡みつく（富士ヶ嶺）

▲パステルカラーの彩雲の出現（富士吉田）

▲笠雲から離れていく薄い雲の影に細い月が抱かれている（朝霧高原）

▲大きな笠の下にもう一枚の笠を隠している（精進湖）

▲3000m峰から見た吊るし雲。形を変えながら強風の中で浮かび続けていた（南アルプス北岳）

▲笠雲のように見えるが、実際は反対側の東麓上空に浮かんだ吊るし雲（田貫湖）

# 火山が生んだ富士修験

10

噴火を繰り返す富士山への畏れが人々の信仰を生んだ。
やがて山中は修験者たちの修行の舞台となっていく。

## 溶岩流をたどる信仰の道

　激しい噴火を繰り返す富士山に人々は古来、畏怖の念を抱き、山そのものを神体として遠く離れた場所から拝む遥拝の対象としました。富士山を遥拝する場として知られる山宮浅間神社（富士宮市）の溶岩の石塁は、12世紀ごろに構築されたと考えられています。

　富士山の噴火活動が沈静化した12世紀ごろ、山岳修験者の末代上人（1103年‐?）が富士山登頂を繰り返し富士修験が興ります。14世紀、末代が修行をした村山（富士宮市）に建立された富士山興法寺が富士修験の拠点となり、15世紀には修験者が道者（一般の登山者）を案内する登拝が盛んになります。

　7月末に道者の登拝期間が終わり富士山の閉山後、修験者たちの登拝修行（富士峯入り修行）が行なわれます。旧暦の7月22日、修験者たちは、興法寺裏手の村山口から、富士山内の各行場で修行をしながら富士山頂に向かいました。

　修験者たちは、8月3日に須山口に下山。裾野市、御殿場市、三島市、沼津市、富士市、富士宮市の村々を巡って祈禱をしながら8月16日に興法寺へ戻ると、富士峯入り修行を終える護摩

▲上／日沢溶岩流の跡。村山道は、10世紀から11世紀の噴火に伴う溶岩流（不動沢溶岩流、日沢溶岩流）の上またはすぐ近くを通っている　下／中宮八幡堂跡。馬返しともいわれ、ここから先は馬で行くことを禁じられた。社人が常駐し、登山者に金剛杖やわらじなどを提供。写真の祠は1997年に再建された

焚きが行なわれます。

　興法寺から富士山頂をめざす村山道は、中宮八幡堂（1250m）の先で10世紀に流れた不動沢溶岩流と11世紀の日沢溶岩流の近くを通ります。荒々しい噴火の跡をたどる登拝修行が、富士山中に信仰の道を開いたのです。

## 冨士山興法寺が伝える
## 道者道、吉原道、下向道、村山道

　江戸時代、西国から東海道を下ってきた修験者や道者は、富士川を越えて、岩本（富士市）から富士本道を通り富士山本宮浅間大社（大宮）に向かいました。道者たちは、大宮から村山へ至る道者道を使い興法寺（村山）に着くと、境内で水垢離をして身を清めてから山頂をめざします。

　東国から上ってくる登山者には、吉原宿（富士市）から興法寺へと向かう吉原道が近道でした。この吉原道には、富士山から興法寺に帰ってきた登山者の水垢離場である、凡夫川（龍巌淵）への下向道が分岐しています。

　村山道は富士修験の道として栄えますが、宝永噴火（宝永4／1707年）や、御殿場口登山道の開通（明治16／1883年）、大宮から村山を経由せずに六合目へとたどるカケスバタ口開削（明治39／1906年）、富士山スカイライン全面開通（昭和45／1970年）など周辺の環境変化が大きく影響。村山道を使う登山者は減少の一途をたどりました。

◀左図の登山道は冨士山興法寺（村山浅間神社）が参拝者や観光客に伝えている名称を紹介した。特に、村山道は富士市吉原から直接村山浅間神社へと至る道、と紹介されることがあるが、興法寺によるとその道は吉原道であり、村山浅間神社から山頂までのルートを村山道としている。現在、大宮（富士山本宮浅間大社）から村山（村山浅間神社）を経て山頂に至るルートを「大宮・村山口登山道」として、六合目から山頂までの区間が世界文化遺産富士山の構成資産になっている

## 修験者の拠点となった冨士山興法寺

　冨士山興法寺は、大日如来を祀る大日堂、赫夜姫を主祭神とする浅間神社、富士修験の祖・末代上人を祀る大棟梁権現社の三堂で構成される神仏習合の寺院でした。そして、修験道を実践し皇室ともつながりの深い京都の聖護院門跡の末寺になり、西国から多くの修験者や道者を集めました。

　江戸時代には東海、近畿地方の村々に富士講が組織され、多くの道者が村山の地へやってきました。村山には道者たちの宿泊などの世話をする「坊」が置かれ、道者たちは坊ごとに所属している各地域の富士講を担当する先達（修験者）によって富士山頂まで導かれました。

　特に村山三坊と呼ばれた大鏡坊（大棟梁権現社）、池西坊（大日堂）、辻の坊（浅間神社）は中心的な存在で、冨士山興法寺の三堂を管理するとともに村山の地を支えていました。

　なお、ここでいう富士講は密教が基になる山岳修験を目的とする組織。江戸時代に民衆の間に広まった、実践道徳を教義とする富士講（P106）とは活動様式が異なります。

▲冨士山興法寺大日堂。冨士山興法寺の中心的施設。手前の石垣は水垢離場。堂内に大日如来坐像、不動明王立像をはじめ多くの仏像などが納められている。明治の廃仏毀釈運動で壊された仏像も運び込まれた

▲大棟梁権現社。元は護摩壇裏手の高台にあったが、明治維新の神仏分離令により富士大神社として今の場所に遷された。現在は高嶺総鎮守社と呼ばれ、元村山地区の氏神となっている。高嶺とは富士山の意味

## 凡夫川　龍巌淵の水垢離

　道者たちは、登拝前と下山後に、凡夫川が潤井川に流れ込む龍巌淵で身を清めるための水垢離を行ないました。特に下山後の水垢離は、精進明けを意味し修行者としての身を普通の人に戻す（還俗する）ための重要な儀式です。道者たちは龍巌淵で水垢離をすると登拝修行の全行程を終え、国へ戻りました。

## 水垢離場を清める「法剣の儀」

龍巌淵では村山の修験者たちによって、水垢離場を清めるための儀式「法剣の儀」が行なわれます。潤井川の桜並木の土手を下りた、凡夫川が流れ込む河原で、法衣姿の修験者たちが法螺貝を鳴らし、祈禱をあげ剣で邪気を祓い、水垢離場である龍巌淵を清めます。

現在は村山地区の人々と、村山の修験者によって富士修験の信仰文化継承を目的に行なわれ、潤井川の河原には地域の人が大勢集まります。

▼上／村山の修験者が、凡夫川と潤井川が合流する流れに入り、龍巌淵に向かって剣を打ち払い、水垢離場の邪気を払う　左下／凡夫川の河原の上で祈禱をあげる修験者　右下／修験者が吹く法螺貝の音が水垢離場の邪気を祓う（2023年8月5日撮影）

## 富士修験に影を落とした神仏分離令

　平安時代末期に山岳修験を基にして生まれた富士修験は、富士山中に多くの仏教由来の信仰跡を残しました。しかし、明治元（1868）年に布告された神仏分離令に伴う廃仏毀釈運動が、富士修験に大きな影を落とします。

　富士山頂の八峰は仏教由来の名称が改称され、山頂の大日寺に祀られていた大日如来像は下ろされて、浅間大神が祀られることになります。

　興法寺が管理していた山頂の大日寺は、富士山本宮浅間大社に買い取られ、摂社奥宮となりました。興法寺は、冨士山興法寺大日堂として、村山浅間神社とともに残ります。

▲毎年10月最終日曜日には、中宮八幡堂跡地に再建された祠の前で、村山の修験者と地元の人々による祭りとともに、下草刈りなどの整備・保存活動が行なわれている

　山中の仏像などは強制的に下ろされたり、壊されたりしましたが、一部は村山の人々の手で山中から下ろされ密かに大日堂に隠されました。

　神仏分離令は、修験者の還俗や、加持祈禱などの宗教活動の制限を厳しく求めたため、長い間、神仏習合を基として発展を遂げてきた村山の地は、大きな転換期を迎えることになります。「長い日本史のなかの、ほんのわずかな時期に起きたこの出来事をご存じない方は多いんです。でも我々にとっては、時間を超えた大きな出来事なんですよ」と、凡夫川で法剣の儀を終えた老修験者はつぶやきました。

　村山浅間神社に御朱印をもらいに訪れた参拝者が、「お寺と神社両方の御朱印があるけれど、どちらにしますか」と社務所で尋ねられていました。「ここは神仏習合の神社で、元はお寺なんですよ」と言われた参拝者は、両方の御朱印を受け取りました。

　富士火山の麓、村山の地に芽生え山中に修行場を求めた富士修験の記憶は、今なお富士山の懐に眠っているでしょう。

▲中宮八幡堂の祠脇にある首を切られた仏像。頭の代わりに小さな石が載せられている

▲もうもうとした護摩焚きの煙が、境内の大杉を縫い山中に刻まれた古代の登山道を越え、平和への願いをのせて天高く大日如来の懐へと上っていく。修験者に祭典の趣旨を聞くと、「国と国民の安寧を祈るためのお祭り」と答えてくれた。冨士山興法寺大日堂祭典

## 復活した大日堂の祭典

　加持祈禱が規制された明治以降でも、村山の地の護摩焚き祈禱は密かに続けられていました。第二次世界大戦中、一時中断しましたが、戦後になり再開されます。そして、村山地区の人々の手で、興法寺と村山道を再認識してもらおうとする取り組みが活発になり、京都聖護院の修験者とともに、村山道をたどる峯入り修行や中宮八幡堂での祭りなど、数々の行事が復活しました。

　毎年9月第1日曜日には、村山の修験者と地元の人々によって、閉山祭とともに「冨士山興法寺大日堂祭典」が執り行なわれています。

▲村山浅間神社裏の村山道口で祈りを捧げる修験者

# 11

# 溶岩樹型

溶岩樹型は、溶岩流が樹々を抱き込みながら流れる際に形成された洞穴。
洞内には溶岩の滴跡がさまざまな模様を残した異世界が広がる。

## 吉田胎内樹型群

　樹木を飲み込んだ溶岩は外側から冷えて固まり、内部は焼け
落ちて空洞になります。これが溶岩樹型です。洞内の壁面では
熱い溶岩の滴が流れ続けます。その跡があばら模様や乳房状溶
岩突起、溶岩鍾乳石などになって残りました。特にみごとな模
様を残しているのは、複数の樹型が重なる複合型溶岩樹型の内
部で、そこに刻まれた模様は誰かが刻んだアート作品ではない
かと思うくらいです。

　10〜11世紀に富士山北側斜面から噴火し、流れた溶岩流
（剣丸尾第1溶岩流）の跡に吉田胎内樹型群、船津胎内樹型群が
残されました。ここでは、吉田口登山道「中の茶屋」の北西に
ある吉田胎内樹型群を見ていきましょう。

▼剣丸尾第1溶岩流跡に
残された吉田胎内樹型群
の複合型溶岩樹型の内部

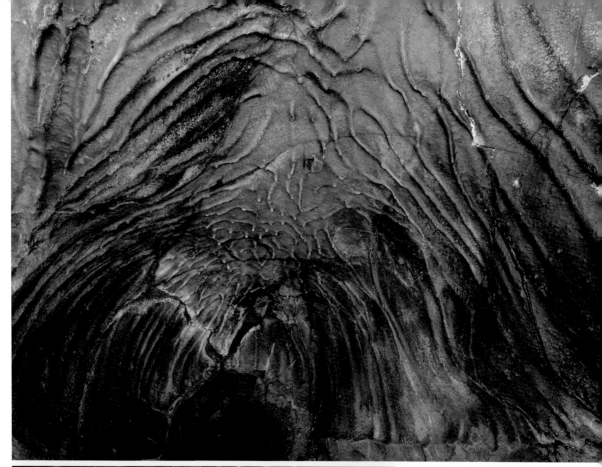

▲上／壁画のような模様を残す複合型溶岩樹型。外光が差し込む時間帯はほんのわずか。冬の乾燥期と夏の多湿期では模様の見え方が変わる　下／内部に大小の空間をもつ複合型溶岩樹型。乳房状の溶岩鍾乳石が広がる

左ページの写真は、入り口の狭小部を抜けた先が人が立てるほどの空間になっている複合型溶岩樹型です。奥の縦穴から光が差し込むとあばら模様が不気味な顔となって暗闇に浮かびます。

上の写真は大小5本の樹木が重なった大きな複合型溶岩樹型です。壁面を見ると、馬を従えた修行僧が、獅子の形相をした穴に入ろうとしている様子が見えてきます。天井部左には黄色く鋭い眼が光り、修行僧の覚悟を思いとどまらせようとする誰かをまるで阻んでいるかのようです。

写真下の複合型溶岩樹型の天井部には、ヘッドライトの光の中におびただしい数の溶岩鍾乳石が浮かび上がります。

## 吉田胎内神社と吉田胎内祭

　明治25（1892）年、富士山信仰の民間宗教団体・富士講の一つ、「丸藤講」の先達であった星野勘蔵によって、吉田胎内樹型群が発見されました。62基の樹型群と代表的な本穴で構成され、本穴には、富士講中興の祖、食行身禄を祀る祠があります。

　星野は樹型内部を人の体内（胎内）に見立て、当地に吉田胎内神社（＊）を開きました。富士講の講員や登拝修行をする者は、胎内を巡って身を清めてから富士山に向かいます。

　吉田胎内神社は現在、富士山北口御師団と富士吉田市に

▲右上／北口本宮冨士浅間神社による神事。各地の富士講の講員や御師団、樹型群を発見した星野勘蔵の子孫、そのほか多くの関係者が集まり玉串を捧げる　左上／森の中に立つ吉田胎内神社の鳥居。くぐると神社へ下りる石段がある　下／吉田胎内神社の前に祭壇が作られ供物が並ぶ

▶上／富士山を模した線香に火をつけお焚き上げが行なわれる　左下／灰になって舞い上がった焚符を指し示す先達　右下／祈禱後の塩加持。布に包んだ塩を背中に押し当てる

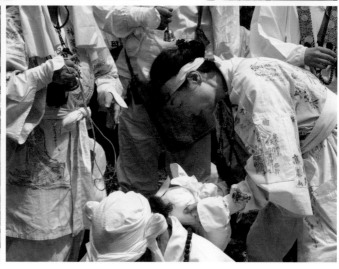

＊山梨県富士山科学研究所のある交差点近くの崖につけられた階段を上がり、溶岩流に覆われた山を南西に約500m行くと、森の中に突然吉田胎内神社の朱色の鳥居が現われる（P98）。その鳥居をくぐると吉田胎内神社へ下りる石段がある。神社の周囲が吉田胎内溶岩樹型群だ。資料によるとかつては本穴の入り口に神社があり、夏の間は神職が近くに建てた小屋に住み参拝者を迎えていたという。昭和20年代までは大勢の参拝者が訪れた。現在、社は解体されていて、本穴の上に小さな祠がある。

よって保存管理され、毎年4月29日に吉田胎内祭が執り行なわれています。その祭りを取材しました。

北口本宮富士浅間神社（きたぐちほんぐうふじせんげん）による神事に続き、富士講によるお焚き上げが始まります。社の前の小さな護摩壇（ごまだん）に平らに広げた塩の上に線香で結界（けっかい）をつくります。さらに富士山を模すように線香を盛り上げ、お焚き上げが始まると、富士講の講員たちはお伝え（教え）を一斉に唱えながら祈禱します。

線香の燃え上がる炎に、願意を記した焚符（たきふ）（祈願文）をかざします。灰になった焚符が空へ舞い上がると願いは叶います。祈禱が終わると、護摩の土台である塩を布で包み、信者や周りの人々の背中に押し当て、無病息災の気を与える塩加持（しおかじ）が行なわれます（取材日＝2023年4月29日）。

## 胎内（本穴）へ

　吉田胎内神社は、普段はほとんど人が歩かない樹林の中にひっそりと祀られています。本穴は、7本の樹型による複合型溶岩樹型です。

　吉田胎内神社の社の下をくぐり、本穴内部に入ります。高熱の溶岩が天井に滴跡を残し、壁一面にあばら模様を描いた異様な空間が広がっていました。中から入洞口を見れば、人が造形したことがわかり、現実の世界に引き戻されます。頭を低くして暗闇に目を凝らすと、両脇から設えたような溶岩棚が迫り出し、正面の棚により洞内は上下二段に仕切られていました。

　その下を這って潜ります。奥の洞に富士講中興の祖、食行身禄を祀った祠があります。寝転んで天井に目をやると、溶岩がつくったアートレリーフがいくつも描かれていました。こうした光景に出くわしたとき、富士山は広大なアートギャラリーだと思えてきます。

　洞内奥には地下へ続く深さ約3mの縦穴があります。その先で横穴へと続きますが、入口が崩れていてさらに先へは行けません。かつては保存関係者の手によって整備されていたようなので、進入できる日が再び来ることを待ちたいと思います（*）。

▲左上／内部から入り口を振り返る。天井から溶岩の滴跡が無数に垂れている　左下／両側の壁から溶岩棚が張り出す。下の穴をくぐると食行身禄を祀る祠がある　右／洞内奥の天井には滴る溶岩が描いたレリーフが浮き出る

＊吉田胎内祭（P98）が終わると、普段は錠がかけられている本穴は一般公開される。樹型内部に入り中を見ることができる。

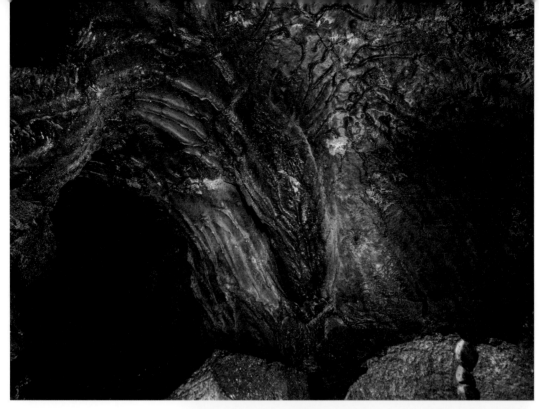

▲この樹型の右下の岩には穴がうがたれている。かつて立ち入った者が削り出そうとしたノミの跡だ。この樹型の形相に驚き、逃げ去ったのではないか

▶上／溶岩が滴った跡が縄状に残っている。顔のようにも見え、まるで生きているかのような表情にしばらく見入ってしまう　下／歯を剥き出しにしたようなこの樹型は、腐った枯木の表面の隙間に溶岩が浸透してできる「腐朽樹型」という

▲穴の対面に生えた苔に夏の日差しが反射して、樹型は美しいグリーンに輝く（吉田胎内樹型群）

## 本穴周囲の胎内樹型

　吉田胎内樹型群は、本穴とそれ以外の62基の溶岩樹型で構成されています。P96で紹介したとおり、溶岩樹型の内部は一口にあばら模様といってもさまざまで、同じ模様は一つもありません。それぞれが本穴とは異なる世界観を宿しています。これらは、すべて富士山の噴火による溶岩流がもたらしたものです。本穴周辺にある胎内樹型をもう少しのぞいてみましょう。

▼赤い溶岩の顔が見つめてくる。背後に広がる紫色のあばら模様は、まるで手織りの衣のようだ

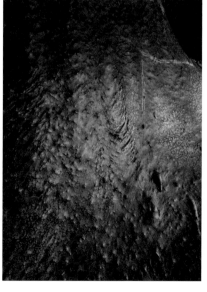

◀左／天井部に流線状に広がる溶岩滴跡が美しい　右／吉田胎内樹型へと鬱蒼とした樹林の中を急ぐ。背後から日の出間近の朝焼けが迫る。一礼して樹林の中の鳥居をくぐると石段上から雑木に覆われた崖を下り、一つの溶岩樹型の開口部で光を待つ。じわりと朝日が差し込み始めたその瞬間、レンズを向けた樹型の肌が白く輝いた

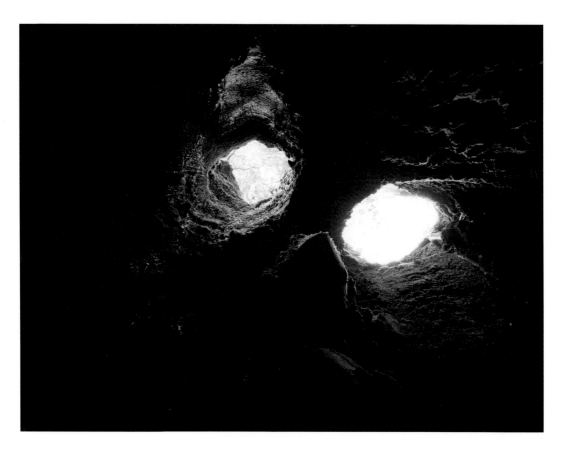

▲二つの縦穴は下部が焼け落ちて一つの空洞になっている。中はいつも湿っていて苔の匂いで満ちている。樹型の底から見上げる目玉の先は、貞観噴火が起きた平安時代の空へと続いているようだ

## 素朴な溶岩樹型

青木ヶ原樹海の溶岩流の跡をたどっていると、大小の溶岩樹型をよく見かけます。大きな口を開いて地中深く続く縦穴樹型や、地面に横倒しになって口を開けている横臥樹型、吉田胎内樹型と同じ複合型樹型などさまざまです。ただ、吉田胎内樹型の内部が芸術的で洗練された造形物のイメージであるのに比べ、樹海で見つかる溶岩樹型は、原始的で素朴な感じがします。全国的に見ても、溶岩樹型は富士山の周辺からその多くが発見されています。富士山が噴出する溶岩が玄武岩であったため流動的で、樹木を倒し巻き込みながら流れ下ることができたからです。

富士山中には、まだまだ多くの異世界が息を潜めているはずです。

◀焼け落ち倒れた樹木による横臥樹型。天井部に小さな鳥の巣が残されている。内部が黒ずんでいるのは雨水が染み出しているから

## 12 霊場となった溶岩洞穴

江戸で隆盛した民衆の富士信仰・富士講は、
独自の信仰文化を発展させた。溶岩洞穴「人穴」はその修行場となった。

### 人穴で今なお続く富士講神事

　人穴（富士宮市）は、新富士火山初期（富士宮期）の溶岩流によって形成された、全長約80mの溶岩洞穴です。また、江戸時代に隆盛した富士講の開祖、長谷川角行（1541-1646）が悟りを開き、入定したとされる霊場としても知られ、現在は人穴浅間神社の境内にあります。

　洞穴内中央部付近に直径約5mの溶岩柱があり、地面には水が溜まっています。鎌倉時代以前、すでに人穴の存在は知られており、13世紀末～14世紀初頭に鎌倉幕府が編纂した幕府についての歴史書『吾妻鏡』にも登場します。

　『吾妻鏡』には、将軍頼家が富士山麓の狩場に出かけた際に人穴を知り、御家人の新田四郎忠常と6人の郎従にこの穴を調べさせたときの様子が次のように書かれています。

　「途中ずっと水の流れが足を濡らし、蝙蝠が顔の前を遮って飛び、（その数は）幾千万とも知れませんでした。その行き着いたところは大きな河でした。さかまく波が勢いよく流れ、渡ることもできず、ただ困惑するだけでした」（『現代語訳吾妻鏡7』五味文彦、本郷和人編／吉川弘文館より）

　穴の中で怪しい霊によって郎従4人を失った忠常は、頼家から賜った剣を川に投げ入れ命からがら人穴から戻ります。それを聞いた古老は、「これは浅間大菩薩の御在所で、昔より決してその場所を見ることはできませんでした。今度のことはまことに恐るべきことです」（同書より）と語るのです。

　実際に2000年ごろに参拝に来たことがある富士講の講員によると、足首までつかるほどの水が溜まっていたそうです。水が流れていたという吾妻鏡の記述は、人穴の特徴を伝えています。

　16世紀後半、長谷川角行は、実践道徳を柱

▲人穴浅間神社はかつて光侎寺（こうきゅうじ）大日堂が神仏分離令（P92）によって廃されたのちに置かれた神社。境内には、富士講講員の建立による232基の碑塔（写真）が講ごとに立っている。溶岩洞穴の人穴は、現在も富士講にとって重要な霊場だ

▲人穴の最深部で行なわれる天拝神事の様子。先達が掲げる御神實の下に参拝者が集まり、一斉に拝みをあげる声が洞内に響き渡る。暗闇を照らすろうそくの灯の中に神秘的な神事の光景が浮かび上がった。神道扶桑教は、近世に各地の富士講を統合再編し、「富士一講社」が名称を改めた教派神道の一派。昭和27（1952）年から包括宗教法人

とする独自の富士信仰の教えを興し、弟子たちによって角行の教えに基づく富士講が生まれました。その教えを代々受け継ぐ弟子の代表を富士行者と呼びます。

18世紀になると、富士行者6世の村上光清が、現在の北口本宮冨士浅間神社の大規模修復を行ない、保護に努めました。

一方同じ時期、別立6世食行身禄が角行の教義を発展させた教えを説き、享保18（1733）年に富士山七合五勺（現八合目）の烏帽子岩で断食入定を果たしました。

身禄は入定にあたり登拝修行の登山道を北口（現・吉田口）と定めます。このことがあって江戸庶民の間では身禄の教えに基づく富士講が「江戸八百八町に八百八講」といわれるまでに広がり、富士山への登山者は急増しました。

令和5（2023）年夏、筆者は、人穴で行なわれた富士講（神道扶桑教本部）による神秘的な神事を取材しました。

富士講の一行が、人穴浅間神社裏手の石段を下りて人穴に入洞し、開祖・長谷川角行に祈りを捧げます。水が溜まった洞内に建てられた拝殿と、角行が荒行を繰り返した洞内最深部で、お伝え（教え）を一斉に読誦して、拝みをあげました。拝みが終わると、御神實（角行から伝わる御神鏡）をすべての参拝者の頭上にのせる天拝神事が行なわれます。これは、ろうそくの灯下で行なわれる扶桑教独特の神秘的な神事です。

▲人穴の奥には長谷川角行が祀られている

## 登拝 溶岩流を登る

　人穴への参拝儀式の翌日から、御神体である御神實を七合五勺（現八合目）の烏帽子岩にある冨士山天拝宮に奉遷する登拝修行が始まります。これは、享保18（1733）年に烏帽子岩の石室で入定を果たした食行身禄を参拝するための登拝でもあり、富士講にとって重要な神事です。

　登拝当日の朝、北口本宮冨士浅間神社本殿と登山道の起点となる登山門の祖霊社、そして吉田口登山道五合目の小御嶽神社で参拝を済ませ、登拝が開始されました。先達に導かれた富士講の一行が、江戸時代から変わらぬ白い行衣姿で列を組み、六根清浄を唱えながら冨士山天拝宮をめざします。

　七合目に差しかかると登山道の様子は一変。火山礫に覆われた道から、溶岩流の岩石が露出する岩道へと変わりました。赤茶けた岩石や、登山道をふさぐように座る巨大な溶岩球、溶岩が身をくねらせて落下しそのまま固まった大小の火山弾などが

▼赤黒い火山礫を踏みながら登る富士講の一行。白い行衣姿の行者たちの列の後に一般登山者が続く

散乱しています。こうした険しい道を御神實を背にした先達と講員たちはひたすら登り続けます。

鳥帽子岩に近づくと、溶岩流の上を歩く登山道は、再び赤黒い火山礫が堆積した道に変わります。一行は、一般登山者を引き連れるようにして整然と列をつくって登り、唱える六根清浄が富士山中に響き渡りました。

食行身禄が入定した烏帽子岩には小堂が建てられ、現在は冨士山天拝宮として祀られています。八合目に到着した一行は天拝宮で拝みをあげ、天拝神事が執り行なわれました。

▲霧の中、荒々しい登山道を進む一行。六根清浄を唱えながら天拝宮をめざす

翌日、富士山頂に奉遷した御神實が天からの気を充分に授かると、再び天拝宮に移動し、閉山までの期間中、参拝に訪れる富士講講員を迎え、神事を行ないます。御神實は天拝宮に滞在していた先達とともに閉山祭の日に下山します。

▶天拝宮での天拝神事。講員たちが拝みをあげながら祭壇の前に進む。先達が朱色の布で包まれた御神實を講員一人一人の頭上にのせ、天から授かった気を分け与える

▲左／神輿に奉安した御神實とともに、浅間神社本殿を参拝　右／開祖の長谷川角行、中興の祖・食行身禄、村上光清を祀る祖霊社を参拝

## 御山納め

　7月16日に富士山八合目の天拝宮で参詣を受けた御神實は、吉田の火祭（宵祭）が行なわれる8月26日に先達とともに下山しました。

　北口本宮冨士浅間神社に隣接する扶桑教元祠から、御神實を奉安した神輿とともに、神社本殿、祖霊社を参拝します。その後、北口本宮冨士浅間神社の本殿祭に出席し玉串を捧げます。

　取材した2023年は、食行身禄が烏帽子岩で入定をしてから290年目にあたるため、それを記念して上吉田の身禄堂（＊）で拝みをあげました。

　夕刻、元祠の前に立てられた大松明に点火し拝みをあげ、大松明が立ち並ぶ金鳥居の通りでは、護摩焚きの祈禱が行なわれました。こうしてその年の登拝神事は終了し、御山納めとなります。

▼左／玉串を捧げるため浅間神社の本殿祭に参列　右／食行身禄を祀る身禄堂で拝みをあげる

＊食行身禄の弟子・田辺十郎右衛門は、身禄の断食を介添えし身禄が語った言葉を「三十一日の巻」として残した。その後、御師となった田辺家の「御神前」に身禄を祀り富士講の「山元講」が法会を行なったことから、田辺家の御神前を身禄堂と呼ぶようになったとされる。現在、身禄堂は上吉田中宿にあり、隣には所有者の田辺家がある。

▲扶桑教発祥の地である元祠の前に立てられた大松明に点火し、富士講講員が一斉に拝みをあげる

▲金鳥居の立つ表通りの大松明の下で護摩焚きをし拝みをあげる

取材協力＝北口本宮冨士浅間神社、神道扶桑教本部

## 富士山信仰を支えた石室

　下の写真は、富士吉田口六合目から頂上に続く登山道を写したものです。大きくえぐれた吉田大沢と、左上には溶岩が露出した亀岩が小山のように突き出しているのが見えます。かつて、富士山一合目の馬返しまでを「草山」、それより上の五合目までを「木山」、そして山頂までを「焼山」と呼びました。特に、焼山と木山の境界を「天地境」といい、吉田口五合目にあった山小屋は「中宮小屋」と呼ばれました。焼山からは森林限界となり、登山道は険しい溶岩流の上に乗ります。吉田口と須走口登山道が合流する本八合目が「大行合」で、そこから上は奥宮の神域とされました。写真の中央には、朝日に光る山小屋の列が見えます。かつて山小屋は石室と呼ばれ、大行合には数軒の石室が立ち並んでいました。

　江戸中期、民衆の富士山信仰である富士講が隆盛すると、登拝する信者の面倒を見る御師の街、上吉田もまた発展していきます。御師たちは農民でしたが田畑は小作人に任せ、自身は山麓で宿坊を営むほか、石室の管理や運営も行なっていました。夏には富士登山者を迎え、寝食を提供し、御神前で御祈禱をし、夏山が終わると富士登山者が住む地域へ御札を持って檀家廻りに行きました。上吉田地区を歩くと、今も多くの御師の家が立ち並んでいます。過酷な自然環境下で行なわれる登拝を、御師たちと石室が支えてきたといえます。

▲日の出直後の吉田口。登山道六合目から七合五尺を写した。山小屋が朝日に輝いている。富士山の山小屋は噴火が残した荒々しい環境の中に立つ

　取材協力＝ふじさんミュージアム

▲それぞれの思いを胸に秘め、願いを背負って人々は山頂をめざす。その星の数ほど
の思いや願いを刻みながら、登山道は宙に向かって続いていく（富士山北麓から撮影）

# 宝永噴火

江戸時代中期に起こり甚大な被害をもたらした宝永噴火。
連なる火口と火口底に、荒ぶる山、富士山の痕跡をたどる。

## 宝永山を誕生させた「爆発的噴火」

　江戸時代中期の宝永4(1707)年10月末に起こった大地震（宝永東海地震）49日後の12月16日午前10時ごろ、富士山南東斜面から宝永噴火が発生。この噴火は大量の火山礫（軽石、スコリア）や火山灰を上空高く噴出する「爆発的な噴火」の形態で、噴出したマグマの噴出量は、過去5600年間の噴火のなかで貞観噴火に次ぐ約7億㎥。降灰量は最大でした。

　この大噴火で富士山東麓の村々では、上空高く噴き上がった大量の火山礫が降り注ぎ甚大な被害をもたらしました。噴煙は1万mを超える高度に達し、偏西風に乗った火山灰は江戸をはじめ、現在の首都圏中心部（神奈川県、東京都区部、千葉県北部など）の広範囲に降り注ぎました。

▼宝永山山頂に露出する「赤岩」と呼ばれる地層。最近の研究では宝永噴火による火山灰が降り積もってできたものといわれており、宝永噴火開始間もなく形成されたと考えられる

広大な範囲に被害をもたらした宝永噴火は、宝永5（1708）年1月1日未明の爆発の後ようやく終息しました。その後、300年以上富士山は噴火をしていません。

噴火終息後、第一火口の東の縁には宝永山（2693m）が誕生していました。宝永山山頂に突き出している赤茶けた地層からなる赤岩は、これまで宝永噴火よって古富士火山の一部が突きあげられて露出したものと考えられてきました。しかし、最近の研究でこの赤岩を含む宝永山全体が、宝永噴火による大量の火山灰が降り積もってできたことが示されました。なお、赤岩の地層の色は、火山活動に伴う熱水によって生成された鉱物の色によるものと考えられています。

## 3つの火口

宝永噴火を起こした3つの噴火口は富士山の南東斜面の約3100〜2100mにかけて重なるように列をなしています。最近の研究では、最初の噴火は現在の第一〜第三火口列の東側に新たに発見された場所で起き、その後第一〜第三火口で場所を変えながら相次いで噴火を繰り返したと考えられています。

▲第一火口（水ヶ塚公園より）

▲第二火口底から。右手に宝永山の斜面を見上げる

▲第三火口底より富士山頂に向かって撮影

▲積雪した厳冬期の宝永山。山頂に続く火口縁の左側が第一火口、右側が第二火口

▲左／地表に向かい上昇するマグマが冷えて固まり〝化石〟のようになったものを岩脈という。この岩脈はこちらをにらむように斜面から突き出している　右／宝永山山頂から東側を見下ろすと約1500年前に噴火した側火山の二ツ塚が見える

## 第一火口底から宝永山山頂へ

　富士宮口六合目に並ぶ山小屋、雲海荘、宝永山荘から富士山山頂に向かわずに直進すると、第一火口と第二火口の両火口縁に到達します。厳冬期には、水ヶ塚から須山口登山道を使って樹林帯を抜けてこの火口縁まで直登。二つの火口の境界からは、対面の火口縁に盛り上がった宝永山が見えます。宝永山へは、いったんここから第一火口底に下りた後、急斜面の裾をたどりながら東側または北側の火口縁まで登り返します。そこから、富士山頂から吹き下りてくる強風に注意して南東に進むと駿河湾を一望する断崖となり、そこが宝永山の山頂、赤岩です。

## 宝永噴火の最終舞台

　宝永噴火の16日間の噴火活動の最終舞台となった第一火口底には、赤い小丘があります。これは、溶岩の塊（スパター）が、上空高くに噴き上がることができずに、火口周りにベチャベチャと餅のように積み重なってできた「スパター丘」です。周囲には赤茶色や灰色のさまざまな特徴的な形状をした火山弾が散乱しています。

　第一火口底には、荒々しい火山、富士山最後の噴火の痕跡が残されています。

▲火口底に盛り上がったスパター丘。噴出した溶岩のしぶき状の塊が半分溶けた状態で積み重なり小丘状になった。高温の状態のまま酸化し赤色化している

▲火口底には大小さまざまな形をした火山弾が見られる。右の写真は、噴出物が熱いまま落下し、水あめが捻じれ折り畳まれたような形で固まった火山弾。時折、火口の絶壁から砂煙を上げながら岩が落ちてくる音が響き渡る

▲圧倒的な威圧感で迫る第一火口内壁の岩脈

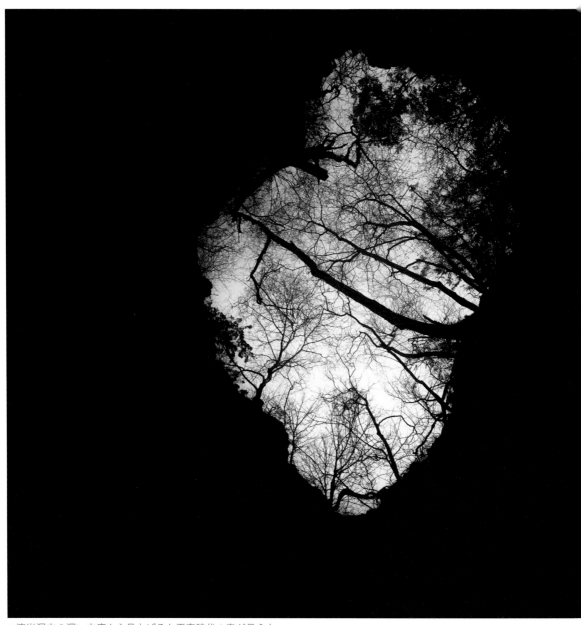

▲溶岩洞穴の深い穴底から見上げると平安時代の空が見えた

# おわりに

　富士山の美しいシルエットは周囲の景色を際立たせ、月夜や星空の下では幻想的な雰囲気を演出します。特に厳冬期の深夜に高峰で見る富士山は、広大な宇宙にただ一つ浮かぶ姿が、凛とした強い意志を感じさせ、私は好きです。

　富士山の火山性について、私は元々それほど関心があったわけではありません。本書で紹介したような写真を撮るようになったきっかけは一枚の写真です。写真には少し霞がかった灰色の背景にラグビーボールのような楕円形の岩が写っていましたが、どこにでも転がっている普通の岩にしか見えませんでした。撮影者の大山行男さんは長年にわたって富士山を撮り続けている写真家です。写真のことを大山さんに尋ねると、この岩は火山弾といい、撮影場所は山頂火口底だと教えてくれました。なぜこの写真を撮ったのか聞くと、「何か感じない?」と逆に聞き返されました。以来、私は少しずつですが火山としての富士山の一面を探し求めては、写し撮るようになりました。

　私は再び富士山が噴火することを望んではいません。しかし、目の前の富士山は明日の姿を約束するものではないことも知りました。今では、美しい山容の礎となった火山の記憶を撮り続け、私が今見ている富士山と世界観を未来に残すことができれば、それに勝るやり甲斐はないと考えています。

　本書を製作するにあたり、静岡県富士山世界遺産センターの小林淳教授に、火山学に関する部分の監修を依頼しました。富士火山の基礎から最新の知見の多くをご教授いただけたことは望外の喜びです。

　そして写真への助言、取材先の紹介、文化財の確認などについて数々のご協力をいただきました方々のお名前をご紹介し謝辞の代わりとさせていただきます。

（五十音順）大山行男様（写真家）、篠原 武様（ふじさんミュージアム）、杉本悠樹様（富士河口湖町教育委員会）

　最後に、序章の執筆と編集を担当していただいた大武美緒子さん、デザイナーの朝倉久美子さん、校正の與那嶺桂子さん、企画段階から相談に乗っていただいた山と溪谷社の神谷浩之さんに、心から感謝申し上げます。

2024年4月　曽布川善一

富士山の姿は変わり続ける。
火山の記憶をとどめながら

天の川と富士山。山梨県
大月市・白谷ノ丸から

## 富士山略年表と本書関連記事

| 年代 | | 出来事 | 関連記事 |
|---|---|---|---|
| 約60万年前 | | 伊豆・小笠原火山弧が日本列島と地続きに。伊豆半島となる | P23〜 |
| 約26万〜10万年前 | | 先小御岳火山、小御岳火山の誕生 | P25〜 |
| 約10万年前 | | 古富士火山が活動を始める | P25〜 |
| 約2万年前 | | 山体崩壊が発生、馬伏川岩屑なだれ、田貫湖岩屑なだれが起きる | P25〜、P50〜 |
| 1万7000〜8000年前 | | 新富士火山が活動を始める | P25〜、P52〜 |
| 3500〜2300年前 | | 山頂火口から爆発的噴火を起こす。2300年前以降は山腹噴火のみとなる | P32〜 |
| 2900年前 | | 御殿場岩屑なだれが起こる | P26〜、P32〜 |
| 約1000年前 | | 大沢崩れが形成されたと考えられる | P56〜 |
| 貞観6(864)〜7(866)年 | | 大規模な山腹噴火、貞観噴火が起こる。青木ヶ原樹海、溶岩洞穴、西湖、精進湖ができる | P38〜、P46〜、P64〜、P74〜 |
| | 8〜9世紀 | 浅間神社が各地に建立される。『富士山記』に富士山頂の描写が記される | |
| | 10〜11世紀 | 山腹噴火で噴出した溶岩流で吉田胎内樹型群、船津胎内樹型群が形成される | P96〜 |
| | 12世紀 | 富士山の噴火活動が沈静化する | |
| | | 末代上人が、富士山を修行場とする富士修験（村山修験）を興す | P88〜 |
| | 14世紀 | 村山に富士山興法寺建立 | P88〜 |
| | 15世紀 | 冨士山興法寺を拠点とする、富士修験者たちに引率された登拝が盛んになる | P88〜 |
| | 16世紀後半 | 長谷川角行が溶岩洞穴の人穴で修行、江戸で隆盛した富士講の基盤となる教えを広める | P106〜 |
| | 17世紀 | 登拝の大衆化が進む。富士山麓の溶岩洞穴、溶岩樹型などが霊場とされる | P96〜、P106〜 |
| 宝永4(1707)年 | | 宝永噴火が起こる | P116〜 |
| 享保18(1733)年 | | 富士講中興の祖、食行身禄が富士山七合五勺（現八合目）の烏帽子岩で入定 | P106〜 |
| | 18世紀後半 | 富士講が江戸を中心とした関東一円に広がる | P106〜 |
| 明治元(1868)年 | | 明治政府により神仏分離令布告。廃仏毀釈運動が起き、富士山頂八葉から仏教由来の呼称が除かれる | P33〜、P92〜 |
| 明治5(1872)年 | | 富士山の女人禁制が廃止される | |
| 大正15(1926)年 | | 参謀本部の測量により標高3776mと定まる | |
| 昭和39(1964)年 | | 富士スバルライン開通 | |
| 昭和45(1970)年 | | 富士山スカイライン開通 | |
| 平成25(2013)年 | | ユネスコ世界遺産委員会によって「富士山―信仰の対象と芸術の源泉」として世界文化遺産に登録される | |

## 主な参考文献

- ・『富士山学第1号』静岡県富士山世界遺産センター／雄山閣
- ・『富士山学第3号』静岡県富士山世界遺産センター／雄山閣
- ・『富士宮の歴史　自然環境編』市史編さん委員会／富士宮市
- ・『静岡県富士山世界遺産センター公式ハンドブック』静岡県富士山世界遺産センター
- ・『富士を登る　吉田口登山道ガイドマップ』第三版　富士吉田市歴史民俗博物館編／富士吉田市教育委員会
- ・『日本古典文学大系69懐風藻 文華秀麗集 本朝文粋』岩波書店
- ・『富士火山　改訂版』日本火山学会
- ・『読み下し　日本三代実録　上巻』武田祐吉、佐藤謙三訳／戎光祥出版
- ・『まぼろしの古代尺』新井 宏／吉川弘文館
- ・『富士を知る』小山真人編／集英社
- ・『富士山　大自然への道案内』小山真人／岩波書店
- ・「自然災害と考古学〜過去からの警告〜」第2回「富士山の災害〜雪代（土石流）〜」篠原 武
（平成24年度やまなし再発見講座&埋蔵文化財センターシンポジウム）
- ・『富士山　富士山総合学術調査報告書』富士急行
- ・『富士山巡礼路調査報告書　大宮・村山口登山道』静岡県富士山世界遺産センター
- ・『古地図で楽しむ 富士山』大高康正編著／風媒社
- ・「黎明期の富士山信仰」渡井英誉　富士学研究Vol.12,No.1 pp.45–49
- ・『神々の明治維新』安丸良夫／岩波書店
- ・『富士山登山口 上吉田と吉田胎内の歴史』ふじさんミュージアム
- ・『現代語訳吾妻鏡7』五味文彦、本郷和人編／吉川弘文館
- ・『富士講のヒミツ』ふじさんミュージアム編／富士吉田市教育委員会
- ・『吉田の火祭のヒミツ』富士吉田市歴史民俗博物館編／富士吉田市教育委員会
- ・『富士山』小川孝徳、山本三郎／朝日新聞社
- ・「富士山の吉田口登山道における山小屋建築の成立過程とその形態」奥矢 恵ほか
『日本建築学会計画系論文集』第82巻／科学技術振興機構
- ・『MARUBI』35、36、37／富士吉田市歴史民俗博物館
- ・「富士火山、宝永山の形成史」馬場 章ほか　『火山　第67巻（2022）第3号』
- ・『富士山噴火とハザードマップ 宝永噴火の16日間』小山真人／古今書院

- ・富士砂防事務所ウェブサイト
「富士山と防災／富士山知識」「ふじさぼう キッズランド」
- ・静岡大学防災総合センターウェブサイト「活火山富士山がわかる本」Web版
- ・静岡県ウェブサイト「東部地域施設概要　田貫湖」
- ・山梨県ウェブサイト「山梨の文化財リスト　天然記念物」
- ・新井宏のwwwサイト「計量史研究 『考工期』の尺度について」

〔取材協力施設〕

**静岡県富士山世界遺産センター**

〒418-0067 静岡県富士宮市宮町5-12　開館時間／9：00〜17：00（7、8月は〜 18：00）
毎月第三火曜休館、第三火曜日が祝日の場合は、翌日が休館
https://mtfuji-whc.jp/

**ふじさんミュージアム**

〒403-0032 山梨県富士吉田市上吉田東7-27-1　開館時間／9：30〜17：00　火曜休館
https://www.fy-museum.jp/

# 10万年の噴火史からひもとく富士山

2024年7月5日　初版第1刷発行

| 著者 | 曽布川善一 |
| --- | --- |
| 発行人 | 川崎深雪 |
| 発行所 | 株式会社 山と溪谷社 |
| | 〒101-0051 |
| | 東京都千代田区神田神保町1丁目105番地 |
| | https://www.yamakei.co.jp/ |
| 印刷・製本 | 大日本印刷株式会社 |

► 乱丁・落丁、及び内容に関するお問合せ先

山と溪谷社自動応答サービス
TEL03-6744-1900
受付時間／11:00〜16:00（土日、祝日を除く）
メールもご利用ください。
[乱丁・落丁] service@yamakei.co.jp
[内容] info@yamakei.co.jp

► 書店・取次様からのご注文先

山と溪谷社受注センター
TEL048-458-3455　FAX048-421-0513

► 書店・取次様からのご注文以外のお問合せ先

eigyo@yamakei.co.jp

＊定価はカバーに表示してあります。
＊乱丁・落丁などの不良品は、送料小社負担でお取り替えいたします。
＊本書の一部あるいは全部を無断で転載・複写することは、著作権者及び発行所の権利の侵害となります。あらかじめ小社までご連絡ください。

**曽布川善一**　そぶかわ・よしかず

1958年生まれ。神奈川県横浜市在住。2002年に独立。独学で写真を始める。富士山をテーマとし、富士山麓から山岳、富士山中をフィールドに撮影活動を行なう。2020年、2022年、2024年に個展を開催。公益社団法人日本写真家協会会員。
https://www.mfujisobu.com/

**監修**（P18〜61、P116〜121）
**小林 淳**　こばやし・まこと

静岡県富士山世界遺産センター学芸課教授。1972年神奈川県生まれ、高校卒業まで愛知県で過ごす。静岡大学理学部地球科学科卒業、東京都立大学大学院理学研究科地理学専攻修了。地質調査会社に20年間勤務後、首都大学東京特任准教授を経て、2019年より現職。博士（理学）。専門は火山地質学、火山学。富士山・箱根山・伊豆諸島北部の活火山の噴火史研究を行なってきた。著書に『富士山と日本人　豊かな「富士山学」への誘い』（分担執筆、2024年、静岡新聞社）、『伊豆諸島の自然と災害』（分担執筆、2023年、古今書院）など。

**ブックデザイン**　朝倉久美子
**DTP**　株式会社千秋社
**図版製作**　株式会社アトリエ・プラン
**校正**　與那嶺桂子
**編集・序章執筆**　大武美緒子
**編集**　神谷浩之（山と溪谷社）